高等院校艺术设计类"十四五"规划教材

BOOK
DESIGN

书籍设计

主 编 马子敬 吴星辉

副主编 曹琼晓

中国海洋大学出版社

· 青岛 ·

图书在版编目（CIP）数据

书籍设计 / 马子敬，吴星辉主编 . — 青岛：中国海洋
大学出版社，2014.5（2023.8重印）

ISBN 97 -7-5670-0662-1

Ⅰ . ①书… Ⅱ . ①马… ②吴… Ⅲ . ①书籍装帧－设
计－高等职业教育－教材 Ⅳ . ① TS881

中国版本图书馆 CIP 数据核字（2014）第 111856 号

出版发行	中国海洋大学出版社			
社　　址	青岛市香港东路 23 号		邮政编码	266071
出 版 人	杨立敏			
网　　址	http://pub.ouc.edu.cn			
电子信箱	tushubianjibu@126.com			
订购电话	021-51085016			
责任编辑	王积庆		电　　话	0532-85902349
印　　制	上海万卷印刷股份有限公司			
版　　次	2014 年 6 月第 1 版			
印　　次	2023 年 8 月第 3 次印刷			
成品尺寸	210 mm×270 mm			
印　　张	7			
字　　数	135 千			
定　　价	55.00 元			

前　言

　　书籍设计是一门培养学生创造性思维能力与实践操作能力的课程，通过学习这门课程能够培养学生对设计基础知识综合运用的能力。书籍设计是学生步入社会实践的基础，也是平面设计专业的一门必修课。理论知识是培养书籍设计能力的基础与根源，而应用技能的操作则是将创意想法实现的过程。

　　现代社会中，随着社会生产力的发展，商品和文化的交流日趋频繁。科学技术的现代化、传播方式的多样化，使书籍设计的意义不再是简单的区别书籍，它已经成为一种艺术形象的表现形式、品牌文化的传播载体。书籍设计随着社会文明的不断推进，经历着不同历史时期文化思潮的洗礼，如今已成为一个内涵丰富的艺术门类，呈现出千姿百态的发展态势。书籍只有通过各种艺术的表现形式，才能起到传递信息、刺激购买欲望以及促进销售的作用。

　　本教材根据高等教育的办学定位、课程目标、人才培养目标，系统地阐述了关于书籍设计的理论知识，要求学生掌握书籍设计的构成要素、设计构思、材料特点、印前印后工艺、设计程序及表现方法，能够独立展开设计工作，并制作完成。同时要求学生了解设计作品的创新形式及书籍设计与中国传统造型元素的结合，力求使书籍设计作品具有鲜明的个性特征。此外，教材中有大量优秀的书籍图例和创意新颖、美观的书籍设计图例，希望能够给予读者以启发。

　　本教材是为高等院校艺术设计类专业学生编写的，重点突出实践环节。因此在整个教学过程中不要求学生刻意去追求书籍设计的终极价值，而在于拓宽学生的设计思维，使学生能够深入浅出地领悟书籍从创意到制作的整个心智发展过程。

　　由于编者水平有限，书中不足之处在所难免，敬请读者批评指正。

编者

2014年3月

教学导引

一、教材适用范围

本教材是平面设计专业重要的专业设计课程之一，是学生掌握相关设计的有效途径。课程以全新的现代教育方式为主导，以书籍设计的理论与方法为依据，通过书籍设计创作过程的强化训练与相关理论系统的梳理，激发学生的主动性和创造性。本教材适用于高等院校平面设计专业师生作为相关课程的教学参考用书，也是社会相关设计师培训的针对性教材。

二、教材学习目标

1.了解书籍设计流程、设计特点、设计内容及设计程序。

2.掌握书籍的设计风格特征。

3.熟悉相关技术规范及构造，使学生的设计有据可查、有的放矢。

4.培养学生系统、全面、创新的设计能力，使学生明确最终的设计目的，即设计以满足人的需求为出发点。

三、教学过程参考

1.资料收集

2.案例考察

3.作业循序渐进

4.进程汇报与点评

5.作业完成与反馈

四、教材建议实施方法

1.课堂演示

2.考察市场

3.案例讲解

4.分组合作

5.作业评判

课时分配建议   总课时：64

章　节	内　容	建议课时
第一章	书籍设计概述	12
第二章	书籍设计的流程与方法	32
第三章	书籍的材料与工艺	12
第四章	书籍设计作品欣赏	8

目 录
Contents

第一章 书籍设计概述 ··· **001**

第一节 书籍设计的历史演变 ······································ 001

第二节 书籍设计的概念与要素 ·································· 008

第三节 书籍设计的主要原则 ······································ 017

第四节 书籍设计的社会功能与艺术价值 ················ 021

第二章 书籍设计的流程与方法 ······························· **023**

第一节 书籍设计的基本过程 ······································ 023

第二节 书籍设计的内容与形式 ·································· 035

第三节 常见书籍的种类及设计方法 ······················· 060

第三章 书籍的材料与工艺 ··· **071**

第一节 书籍的材料 ·· 071

第二节 书籍的印刷和装订 ·· 077

第三节 书籍整饰工艺 ··· 090

第四章 书籍设计作品欣赏 ··· **096**

参考文献 ·· **105**

第一章　书籍设计概述

　　书籍是人类文明进步的阶梯，它带给人们知识与智慧。书籍作为文字、图形的载体而存在。书籍设计不仅包括封面、书脊、封底、勒口、环衬等的外部整体设计，还包括内文的版式设计。书籍材料设计和印制装订工艺设计，是设计者依据书籍内容和印刷方式的选择，运用文字、图形、图像、色彩和开本等造型元素与结构，以平面的形式法则规律，对书籍的各个组成部分进行整体设计的过程。书籍设计虽然是静的艺术，但通过设计可以产生韵律，产生一种流动的美感，形成连续的欣赏过程。

第一节　书籍设计的历史演变

　　书籍是人们在实践中为了生存需要而创造出来的，书籍的内容和形式都能反映出一定社会时期的生产力、生活状况和意识形态。

1.1　中国书籍设计的发展

1.1.1　中国书籍设计的起源

　　中国的书籍设计艺术有着悠久的历史，其深厚的文化底蕴为世界所赞叹，而谈到书籍的起源则应从文字的演变和印刷技术的发展这两方面说起。没有文字就没有书籍，没有印刷技术的保障，书籍就不会得到发展。在我国距今五六千年历史的西安半坡遗址出土的陶器上，就刻有简单的符号，据学者推断，这可能是中国最原始的文字。中国书籍的源头应追溯到三千多年前的殷墟文字，是用刀等硬物刻在乌龟的壳或牛羊肩胛骨上的甲骨文。中国书籍形式的产生是从春秋战国时期的简册开始的，其后秦代又出现了卷轴式的帛书，东汉时期出现了纸书。中国造纸术和印刷术的发明，是促进书籍发展的重要条件。

1.1.2　中国书籍设计的发展历程

　　书籍艺术史是人类社会史的一部分，书籍产生的技术制作依赖于材料、工具、技术水平和人类的知识水平。它从简单走向复杂，从原始走向成熟，从手工向机械化发

书籍设计 BOOK DESIGN

图1-1-1 刻在龟甲或兽骨上的文字是按照一定的阅读顺序排列的

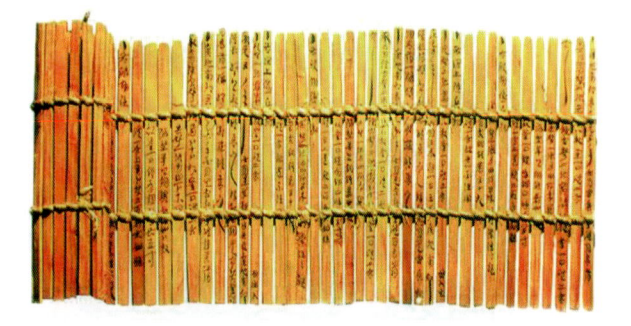
图1-1-2 中国古代用于书写的材料，有的是用木条制成的

图1-1-3 藏于华盛顿赛克勒美术馆的楚帛书

展，在中国漫长的历史进程中，书籍的形态有着很奇妙的演变。

（1）绳串联

中国最早的书籍是商代刻有文字的龟甲或兽骨，距今已有三千余年。当时为了便于保存，将内容相关的几片甲骨用绳串联起来，这就是早期书籍的装帧形式（图1-1-1）。

（2）简册

汉代学者王充在他的著作《论衡·量知篇》中写道："竹生于山，木长于林，截竹为简，破以为蝶，加笔墨之迹，乃成文字。"一根竹片叫作简，简是组成整部著作的基本单位，一部书往往需要多根简写成，把许多的简编连到一处，就叫作册，简册是造纸技术发明之前最具代表性的书籍形式。它可以依据文章的长短，任意确定简数，一简书字一行，最后用上下两道绳编串起来，卷捆后保存。简册约起源于西周，盛于春秋战国时期，一直沿用到公元4世纪，简册除了较多的以竹制式，也有用木制成的，称为木牍（图1-1-2）。

（3）帛书

帛书是略晚于简册的一种书籍形式，它将文字书写于丝织品上，其装帧形式是缝边后成卷存放。由于材料昂贵，多为统治者书写公文或绘画用，一般书籍使用较少（图1-1-3）。

（4）石经（石碑）

石经也是古代书籍的一种形式，最有代表性的是《熹平石经》，它开刻于东汉熹平四年（公元175年），将儒家七经刻于46块石碑上，总字数为20多万。其形式是双面刻字，文字竖向阅读，行列整齐，碑文呈U字形排列（图1-1-4）。

（5）卷轴式

卷轴是指把纸粘连成长幅，用木棒、象牙、玉石等做轴，从右向左卷成一束。它可以将各种石刻文字复制在纸上，经装裱成卷后便于保存和阅读（图1-1-5）。

（6）旋风装、经折装和蝴蝶装

旋风装是由卷轴装演变而来。其书页鳞次相织，阅读时从右向左逐页翻阅，收藏时从卷首向卷尾卷起（图1-1-6）。

经折装问世于佛教经书盛行的隋唐时期，其形式是将所写书页按顺序裱粘在一起，再一正一反连续折叠（图1-1-7）。

蝴蝶装是由经折装演化而来，是把书页沿中缝将印有文字的一面朝里对折起来，再以折缝为准，将全书各页对齐，用包背纸将一叠折叠的背面粘连在一起，最后裁切成册（图1-1-8）。

图1-1-4　熹平石经

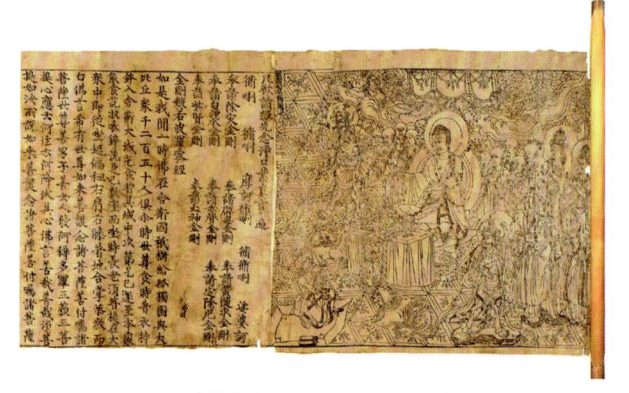

图1-1-5　唐懿宗咸通九年（公元868年）《金刚经》

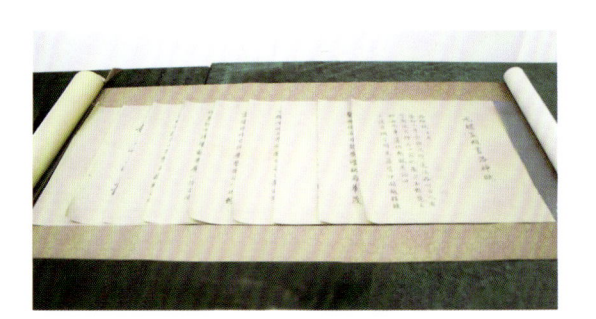

图1-1-6　旋风装

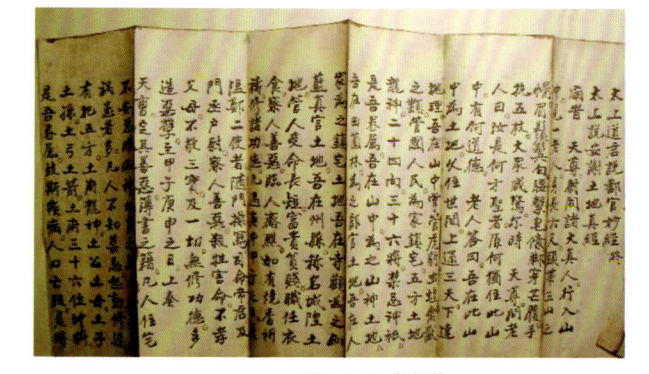

图1-1-7　经折装

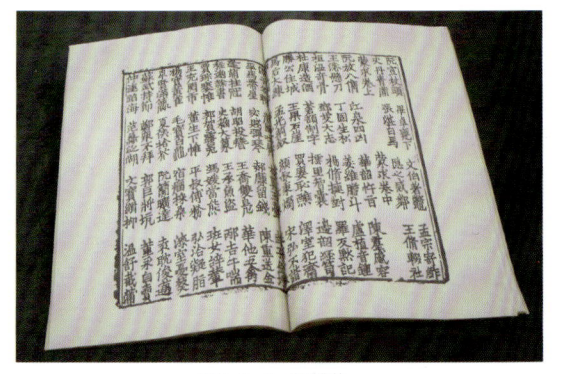

图1-1-8　蝴蝶装

图1-1-9 包背装

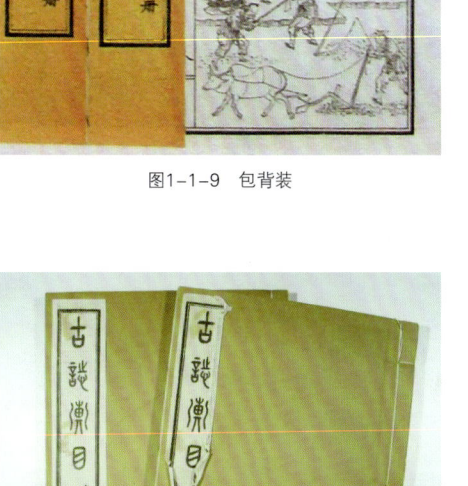

图1-1-10 线装

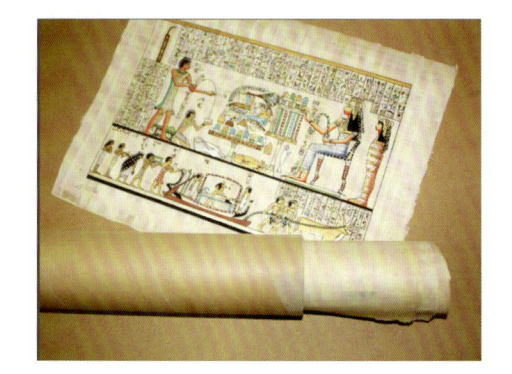

图1-1-11 埃及莎草纸

（7）包背装

元代中期开始，书籍多用包背装，其装订方法是把印好的书页（单页印刷）白面朝里，图文朝外对折成筒子页的书帖，配页后将书帖折缝边撞齐压平，再把折口（前口边）对面的纸边作为后背粘牢，包上封面成为一本完整的"包背"书籍。包背装的封面有"软面"和"硬面"两种，可根据不同要求采用其中一种，这种装法的书籍从元朝到明朝整整普及了二百多年时间，为后来的书籍设计形式打下了良好的基础（图1-1-9）。

（8）线装

线装也称古线装，出现在包背装盛行的明朝中期（15世纪），是我国装订技术发展史上第一次将零散页张集中后，用订线方式穿联成册。线装的折法与包背装相同，所不同的是不用黏结剂粘连，而是用棉或丝连接，封面也不用整张纸包粘，而是在书的前后各放一张纸，也可粘裱一层纸或较薄的织品，折口为前口，全部露在外面，折口的对面为订口，穿上各种式样的订线，配以各种式样的书函，故而显得更加庄重大方（图1-1-10）。

线装书的加工，是传统装订技术史上最进步、最典型的，带有民族特色的一种书籍装订形式。现在一些历史经典或有价值的书籍仍采用这种装订法。

清代最通用的书籍设计形式是线装，而卷轴装、经折装、蝴蝶装和包背装等也有所使用。卷轴装在清代多用于字画的装裱，其装裱工艺十分精致考究。底面多用上等宣纸，画芯四边裱以素色的彩绫，轴外裱以锦缎，轴头用料则分为不同的档次。一般的线装书则力求"护帖有道，款式古雅，厚薄得宜，精致端正"四大要素。

1.2 国外书籍设计的发展

1.2.1 国外书籍设计的起源

最早的象形文字和表音文字产生于公元前四千年的幼发拉底河和尼罗河流域。埃及最早使用的书写材料是由莎草的茎制成的莎草纸（图1-1-11），以之制成的书籍呈卷轴状态，阅读时展开，用完再卷起来。由于莎草纸忌潮、忌虫咬，所以不易保存。西方早期文化是通过写满文字的书卷流传下来的。当时，信纸在古地中海沿岸、希腊、罗马等地广泛使用。古抄本（图1-1-12）产生于古罗马帝国，经历了木板穿皮条的方式，后由能够折叠起来翻阅的羊皮纸等所取代。

1.2.2 国外书籍设计的发展历程

蜡板书是罗马人发明的，是在书本大小的大板中间，开出一块长方形的宽槽，在槽内填上黄黑色的蜡而制成的。在木板的一侧，上下各有一个小孔，线通过小孔将多块小木板系牢，这便形成了书的形式。

西方的书籍设计，最早形成于6世纪。寺院僧侣为了保护抄在皮纸上的经卷手稿，逐渐学会了将手稿夹在两块薄板中间，边上用线缝上。后来，他们又在薄板上裹上皮面，在皮面上印刻花纹，镶上宝石、象牙或金片。由于这时的书籍大多数是经文，世人将文字和书籍看得非常神圣，所以也就不惜工本地加以装饰，大大推动了书籍设计的发展。

在欧洲，古登堡在1440年的斯特拉斯堡发明了铅活字印刷术（图1-1-13），研制出了印刷用的印油和铸字的字模，印刷了《四十二行圣经》等书籍。古登堡的发明促进了艺术、文学、科学研究的兴起，使文艺复兴的进程大大加快，引起了印刷领域革命性的变化。

1476年，在英国出现了第一家印刷所，开始了印书、装订、出版的生意，书籍设计日趋成熟。

20世纪初，现代的机械化印刷术取代了手工印刷术。新的印刷术和新材料的应用促进了书籍设计的发展，但同时也带来了一定的负面影响。机械化的印刷品虽然具有独特的艺术特点——版面整齐、字距与行距以及整本书的编排都更为精彩，但从艺术的角度来看，它缺乏个性化，千篇一律，形式极为单调。

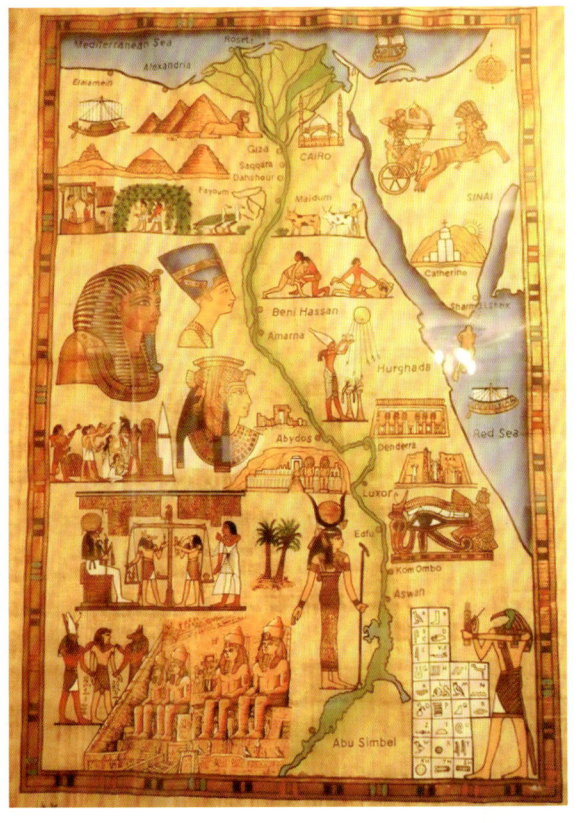

图1-1-12 古抄本

图1-1-13 铅活字印刷

图1-1-14　线装和烫金工艺搭配封面材质，呼应了传统艺术的韵味

图1-1-15　布艺材料的封面设计提升了书籍的阅读兴趣

图1-1-16　整体金色和凹凸工艺的设计，使书籍的设计感大大加强，增加了收藏价值

1.3 书籍设计的现状及前瞻

时代在进步，科技、经济在飞速发展，消费水平在不断提高，销售方式在不断改变，相关工艺与材料也有了大的进步，这些都在客观上极大地推动了现代书籍设计的发展（图1-1-14至图1-1-16）。

现代的书籍设计，不只是停留在书籍的封面设计或简单的内文装饰这一层面，其服务的对象是人，因而要适合人的生理和心理审美要求。近现代书籍设计中卓有成就的陶元庆、司徒桥、张光宇、曹辛之、吕敬人、张守义等，近年来出现的吕敬人、宁成春等都在这些方面不断探索实践，为现代书籍设计做出了不懈努力，推动了书籍设计的发展（图1-1-17至图1-1-20）。其中最显著的特点表现在书籍的整体设计的概念在不断增强；设计师们本身对书卷气息的进一步尊重；不断引进新的观念，开拓设计思路；设计师们对我国本土文化的审美意识在不断回归；注重书籍功能的同时体现设计美感；在进入现代化的今天，更加关注书籍材料的工艺美。

继承与创新、民族性与国际性、传统手段与现代科技的探索，广泛挖掘新材料，探索新形式与新工艺等，都能为书籍设计的发展注入新的活力。每个时代都要有适应这一时代的设计艺术语言，而与时俱进的核心就是创新进取。书籍设计者更应该不拘泥于旧模式，不满足于现状，敢想敢为，虚心向国外图书设计界学习，让作品既具有东方品位，又不乏时代的追求。

第一章　书籍设计概述

图1-1-17　张守义的设计作品

图1-1-18　曹辛之作品

图1-1-19　吕敬人书籍设计

图1-1-20　陶元庆为鲁迅先生的《彷徨》设计的封面

007

第二节　书籍设计的概念与要素

2.1　书籍设计的概念

　　书籍设计是指书籍的整体装帧设计，其具体含义是指从书稿起始，经过策划、设计、制版印刷到装订成书的全过程，通过艺术设计（点、线、面）赋予书籍一个恰当的形式，设计的对象包含了一本书所有形的全部因素，是一项整体的视觉传达活动。

　　书籍设计是一门艺术，它通过特有的文字、图像、色彩等形式向读者传递知识信息。随着数字化时代的到来，电脑软件的广泛应用更进一步地促进了书籍设计与制版印刷的繁荣发展，书籍设计艺术逐步迈入了精细化、个性化和多元化的轨道。设计师们运用设计软件、不同的制版工艺、各种纸张材料、全新的设计理念去表现新的视觉设计空间。现代书籍设计追求对传统装帧观念的突破，提倡现代书籍形态的创造必须解决造型与神态完美结合的问题，共同创造出形神兼备、具有生命力和保存价值的艺术作品。

　　现代书籍设计艺术不仅要满足大众当前的审美需求，还要引导大众对美好的明天充满期待，提供丰富的精神食粮。现代审美需求有利于现代设计意识的不断挖掘和创新，特别是后现代主义在书籍设计上所表现出的新奇性、视觉性、拼接性、反传统性、复制性、边缘性、空间性、客观性和意义的模糊性等，值得我国设计师学习和借鉴。

　　书籍设计要注意以下三点。

　　（1）强调交流，抵制低俗

　　我们应坚持书籍设计的思想性、知识性、文化性、审美性，坚持书籍设计的高雅品位，反对低俗、奢华的创作原则。我们还应该重视本土文化的应用，坚定自我的设计理念，更好地进行书籍设计国际间的交流（图1-2-1、图1-2-2）。

图1-2-1　吕敬人作品《中国记忆》在"世界最美的书"评选活动中获奖

图1-2-2　传统的图案、文字结合书壳的设计，凸显传统文化的韵味和特点

（2）追求原创并符合出版物特点

国外书籍的装帧风格对我国传统风格的书籍设计冲击较大，我们要在学习与借鉴中，发扬我国传统文化的优势，追求书籍设计的原创性。书籍是艺术品，更是出版物，书的包装与书的内容是一体的，要符合出版物的特征，必须具备文化品位，包装设计要适度，不能影响到其传播知识的特性（图1-2-3、图1-2-4）。

（3）书籍设计与图书内容完全融合

现在有些设计者不能完全吃透书的内容，仅凭只言片语或书名来设计，因此形成了书籍设计的内涵远远弱于书籍本身内涵的尴尬局面。设计师应该更好地融入生活，积累知识，提高自身的悟性，从生活中获取更多的设计灵感，真正地让书籍设计和书籍内容达到完美的融合（图1-2-5、图1-2-6）。

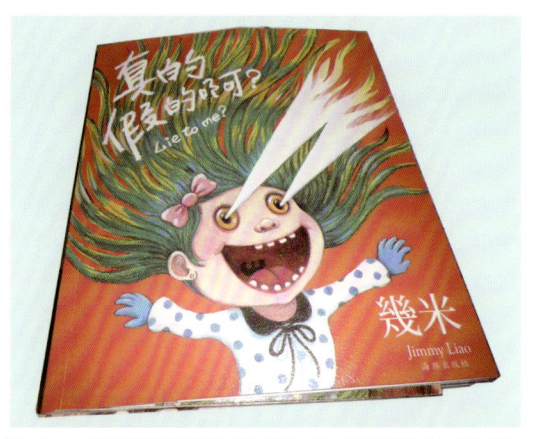

图1-2-3　具有较强的图形设计和色彩对比，增强了形式上的审美性

图1-2-4　依据书籍内容选择合适的风格和颜色，从而提升书籍的阅读性

图1-2-5　设计贴合了书籍的内容，使得形式与内容达到统一

图1-2-6　图形与颜色的结合凸显书籍的主题内容

书籍设计 BOOK DESIGN

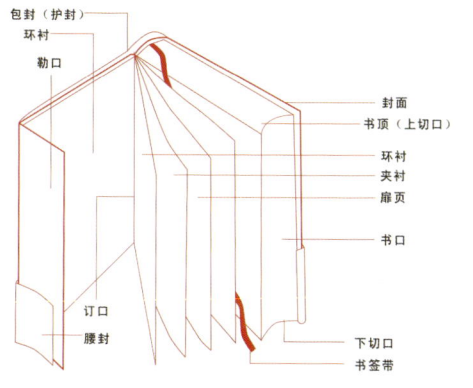

图1-2-7 书籍装帧的结构要素

图1-2-8 函套对营造图书文化氛围起到保护和装饰作用

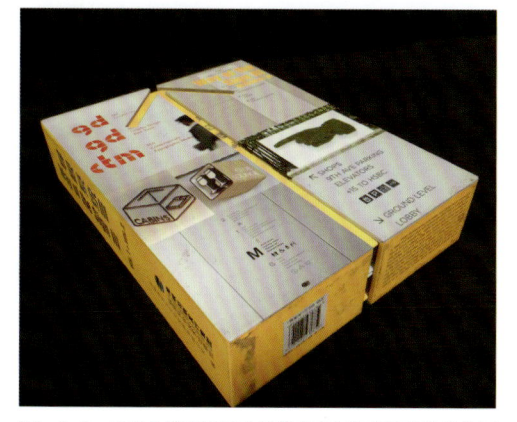

图1-2-9 函套中带有指示性的箭头不仅将书籍整体分为两部分,并且增加了书籍阅读兴趣

2.2 书籍设计的要素

2.2.1 书籍设计的结构要素

现代书籍的整体结构以精装书的整体设计为例,可分为外观部分与书心部分。外观包括函套、护封、硬封、书脊、腰封、书签带、堵头布、环衬、切口、封底等(图1-2-7)。书心的部分包括扉页、目录、章节页、正文、插页、版权页等。

(1)函套

书籍函套的作用是保护书籍。中国古籍常用木质或较厚的纸板做书盒,用丝绫或蓝布糊裱书套。精巧实用是古籍精装本函套的形式特点。现代新材料、新工艺的介入与应用,如特种纸材、棉织物、皮革、塑料及金属材料的应用以及焊接、镶嵌等手法都成为打造书籍独特个性和品位的手段(图1-2-8至图1-2-10)。

图1-2-10 函套不仅有保护书籍的功能,更具有装饰性

（2）护封

护封也称护页或外包封，它是由封面、封底、书脊和前后勒口组成，设计中通常作为一个整体，以展开的形式进行构思与设计。通过文字、图形、色彩等元素穿插运用起到宣传及保护封面的作用（图1-2-11至图1-2-13）。

护封材料因考虑到对书籍的保护作用，多选择柔韧度较强的纸张，有的还在表面使用覆膜工艺以加强耐磨度，在触觉上呈现出光滑与粗糙的鲜明对比。视觉在受到护封图形语言强烈冲击后，经过内封可以得到减缓，最后进入阅读的文化境界。总之，护封设计应考虑在不破坏书籍整体风格的基础上加以巧妙构思设计。

护封的商业宣传功能需求同内封的文化艺术趣味往往呈现出鲜明有趣的对比。视觉语言的不同元素可为不同的功能要求和设计目的而发挥各自不同的作用。腰封附在护封的下方，主要作用是刊印广告语，如半个护封。腰封的设计主要是考虑到封面的字体和画面构图，以不破坏护封主体效果为原则。

图1-2-11　护封在保护图书的同时增添画面层次

图1-2-12　护封在一定程度上能够增强书籍内容的神秘感

图1-2-13　护封起到保护书籍和介绍书籍内容的作用

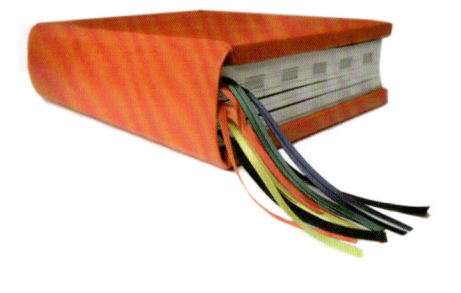

图1-2-14　荷兰Trapped in Suburbia工作室采用多色的书签带，提高了书籍的设计感

图1-2-15　书签带在阅读过程中可以起到标示的作用

（3）书签带

书签带一般用丝织品制成，是粘贴在书籍天头书脊中间的，长出部分夹在书心内，外露在地脚下，作为阅读至某一处的标记。书签带宽度与颜色各有不同，一般为红色，其尺寸比书籍成品的对角线多20mm左右，粘在书背上10mm，露在下面20mm左右。

书签带的宽度应根据书籍本册的厚度、开本幅面不同而定，一般厚度大、开本大的书籍，可选用宽丝带，反之可用窄些的丝带。颜色应与书籍封面颜色相匹配，并力求恰如其分，书签带虽小，但属书籍外观装饰，影响外观效果，所以不可忽视（图1-2-14、图1-2-15）。

（4）堵头布

堵头布是粘贴在精装书背上下两端的连接布头，因为粘贴后将书背两端盖住，故称为堵头布。堵头布的作用，一是牢固书背两端的书帖，并掩盖书帖痕迹；二是装饰书籍外观（图1-2-16、图1-2-17）。

堵头布的常用颜色为白色，为了装饰书籍外观，可根据书籍档次、封面颜色等选用不同质地和颜色的堵头布，一般情况下色差不宜过大，应与护封和书的内容、品级等相适应。

图1-2-16　书籍堵头局部

图1-2-17　堵头布材料的局部

（5）环衬

环衬是指内封与书心连接的部分，作用是使封面翻开时不起褶皱，保护封面平整，精装书的环衬主要起装饰收口的作用。环衬是连接封面与书心的两页跨面纸，可以用花纹装饰，也可以用图纹烘托，其图纹前后环衬可完全一致，但不宜繁杂、喧宾夺主。因为环衬与扉页是互补与渐近的关系，正如房子不能打开门就是卧室，而需要过渡一样，精装书籍后加空白页是让阅读者逐步从封面喧闹气氛中安静下来，这是真正为读者着想的设计（图1-2-18、图1-2-19）。

（6）切口

切口指的是书籍除了订口以外的三个边。传统的手工精装书的切口都是用颜色或大理石纹理修饰，宗教出版物则常用镶金的修饰。切口设计是设计师们施展才华的新阵地，越来越多的书籍设计师开始在读者翻阅书籍时直接触摸到的切口部分巧思经营（图1-2-20至图1-2-22）。

图1-2-18　作品中的衬纸在书籍整体设计中起到连贯、一致、过渡的作用

图1-2-19　半透明的衬纸渲染了书籍的整体阅读感

图1-2-20　金色的切口与书籍封面形成整体装饰

图1-2-21　切口运用书中人物的形象做设计，增添了阅读的情趣

图1-2-22　切口和函套的波纹造型呼应书籍主题《流水》

（7）封底

封底是封面的延续，经常采用与封面对应的自然法则。封底上经常包含提要、说明和作者简介等内容。书籍封底还要预留放置条形码的位置，杂志封底还会有与本书有关的某些图书的广告，而且宣传效果比封二和封三都好（图1-2-23、图1-2-24）。

（8）扉页

扉页又称书名页，是书籍书心部分的首页，是使读者心境平复，逐渐进入到正文阅读的过渡部分。扉页常包含书名、作者名、译编者、出版者、出版地等相关信息，但内容不宜过多或过于繁杂。扉页多采用单色印刷，设计重点集中于书名文字与其他信息的编排，有的沿袭封面书名用字，有的则根据封面、环衬内容重新进行设计。设计者的设计思路与设计情感呈现出与封面既相互呼应又有差别的特征（图1-2-25）。

（9）目录及章节页

目录页起到给读者提供内容索引的作用。条理清晰、便于查找是目录应该注意的重点。如果目录突出的是标题内容，可以先放章节标题；如果把数字放在显著位置则是将重点放在导航系统上（图1-2-26）。

章节页是插附于书籍章节之间的设计，要注意其单纯性和导向性，亦可加插小图作装饰。

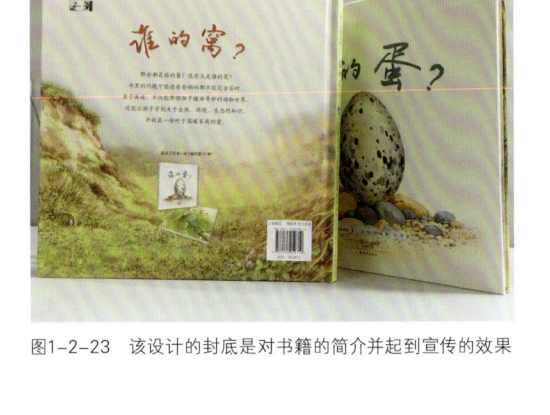

图1-2-23 该设计的封底是对书籍的简介并起到宣传的效果

图1-2-24 面封与底封通过字体设计互为一体，能够增强读者的阅读兴趣

图1-2-25 封面与扉页的设计形式互为一致

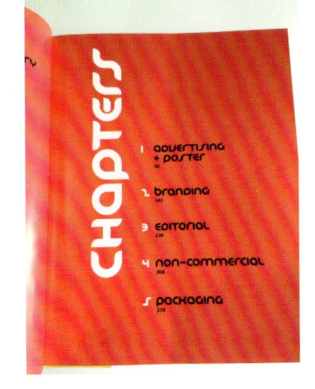

图1-2-26 字体的设计增加了目录设计的可阅读性

2.2.2 书籍设计的视觉要素

书籍设计最重要的功能就是表现书籍的内容和精神内涵。书籍的内容和精神内涵是书籍视觉设计的灵魂。好的设计师可以充分调动各种视觉要素来展现书籍的和谐形态和精神内涵，经验不足的设计师常常顾此失彼、形神背离，或过分关注局部而忽略了书籍的整体美感。

视觉构成要素包括：图形、文字、色彩、肌理、版式、结构等。只有了解清楚书籍视觉设计各个构成要素的内容和相互之间的关系，灵活把握，才能使书籍的整体美得到充分体现。

（1）文字

在书籍设计中，文字是构成书籍最基本的要素之一。文字的可读性、字体、字号、颜色和字距等都是非常重要的。不同的字体、标点、数字是书页中最小的构成要素。字体的大小、风格、组合形式等都会影响书籍的面貌。字体、字号、组合方式一旦选定就应贯穿整本书，而不应随意变化，以免造成花、乱、杂等无序状况，影响信息的有效传播（图1-2-27、图1-2-28）。

（2）图形

在书籍设计中，图形是最有吸引力的设计元素。当图形和普通的文字处于同一页面时，人们往往会先注意到图形，因此，书籍设计能否打动人心，图形是至关重要的。在现代设计领域里，图形设计主要以视觉形象承载的信息来进行文化沟通。今天书籍设计师的工作已不仅仅停留在对页面的编排和图像的数字化处理上，设计师还需将作者提供的信息以最恰当的方式传递给读者，要更好地传播、接收和保留信息（图1-2-29）。

图1-2-27 作品中的不同字体与字号是用来区分语言主次的符号

图1-2-28 文字的编排需有序、协调，否则会有杂乱的感觉

图1-2-29 选择具有时代感的卡带图片提升了视觉表现力，在一定程度上能够给读者形成阅读共鸣

图1-2-30　封面的颜色烘托了变化流动的视觉感受

图1-2-31　封面的亮黄色能使其在众多书籍中脱颖而出

图1-2-32　书籍封面的材料展现的粗糙感与文字的粗实感形成有效的整体

（3）色彩

色彩是书籍设计中最引人注目的主要艺术语言，是美化书籍、表现书籍内容的重要元素。它与构图、造型及其他表现语言相比较，更具有视觉冲击力和抽象性的特征。作为设计师，不仅要系统地掌握色彩技术理论知识，还应研究书籍设计的色彩特征，了解地域和文化背景的差异，熟悉人们的色彩习惯和爱好，来满足千变万化的消费市场（图1-2-30、图1-2-31）。

（4）肌理

肌理所引申的意义不只是我们凭直觉去感受和简单的运用，而是要求我们对其原有属性、功能和价值加以深层次的认识和把握，使肌理不仅在视觉上，更在观念上为现代书籍设计艺术提供服务。肌理所表现出的强烈的个性色彩可诱导读者产生不同的心理反应（图1-2-32）。

（5）版面

版面设计，特别是书心部分设计是书籍设计的核心，是读者视觉接触时间最长的部分。读者与书籍之间的关系是建立在版面基础上的，阅读通过版面来实现，其设计的优劣直接影响读者阅读的心理状态。好的书籍版面设计使阅读流畅而富有趣味性和愉悦性，通过版面空间的点、线、面的组织和安排，色彩的巧妙经营，不仅能给人以美感，且能表现出书籍的品位和特有的文化意蕴以及时代气息（图1-2-33至图1-2-35）。

图1-2-33　书籍封面的版面设计经过悉心安排，产生了较好的美感

图1-2-34　左右两页的对称版面形式使阅读具有良好的空间

图1-2-35　对称的版面编排，使内容的阅读品位具有时代气息

第三节　书籍设计的主要原则

书籍设计是激情迸发与客观现实要求互相较量的艺术设计，是糅和了众多因素而达到和谐统一的艺术设计。书籍设计体现了一个国家文化水平和工艺水平的高度。不同地域国度的作品，散发出不同的风格魅力，体现了各自浓郁的民族特点。

时代的进步使书籍设计面临着一个个新的挑战，创造出既能给人以思想启迪又能给人以高雅艺术享受的书籍，是现代书籍设计的基本设计理念。

3.1　书籍设计的原则

（1）内容与形式高度统一

一本好书，不但要有好的内容，还要有好的形式，形式由内容而生，又依附于内容；内容表现为形式，又决定形式。书籍设计一定要做到"表里如一"，也就是内容和形式的统一。这就要求设计者熟悉书籍的内容，掌握书籍的精神，了解作者的风格和读者对象的特点，通过提炼书籍的精神内涵，用美的形式使书籍的生命升华。

一本书想要吸引、打动读者，需要设计者具有良好的立意和构思，要做到内容和形式的统一，要注意自身各方面的修养，博览群书，积累信息，不墨守成规，要具有创造性思维能力。除此之外，设计者还应掌握各种艺术技能，学会利用一切工艺手段来进行设计。只有通过艰辛的耕耘，不断求索，寻找内容和形式的结合点，才能创造出好的作品。

书籍主题和版面在表现形式上要高度统一，不但要将书籍主题、风格、视觉形成整体构架，更要使书籍主题、表现形式、读者认同联成一体，起到沟通诉求的作用。不同的题材、不同的背景和不同的阅读对象，采用不同的版式表达，要始终保持内容与形式的统一、协调、自然（图1-3-1至图1-3-4）。

书籍设计 BOOK DESIGN

图1-3-1 封面直观展示书籍内容，从而使封面与内容协调一致

图1-3-2 书籍的内页编排与内容形成有机整体

图1-3-3 书眉处的设计风格与整体设计相呼应

图1-3-4 书籍的封面、扉页在表现形式上的统一性便于读者的阅读

（2）对书籍设计整体与局部的思考与把握

书籍设计主要包括对书籍起宣传和保护作用的函套、护封、封面等设计；对书籍环衬、扉页、正文、插图、版权页等核心内容的设计；对书籍整体形态及材料、开本、精装、平装、纸张、印刷、装订等工艺的设计等。为了使书籍的风格整体协调，应统筹考虑，使各部分之间互相配合，成为一个完整的统一体（图1-3-5、图1-3-6）。

（3）将艺术与设计进行完美结合

书籍设计通过艺术形象的形式来反映书籍的内容。在科学技术发达的今天，无论是设计思维、创作手段，还是各种材料和印刷工艺，都要求体现其技术性。一项优秀的书籍设计，首先要体现其立意的深度，这是一种内在的美，充分反映了设计者的艺术修养；其次必须有相应的技术才能把思想表达出来，只有将两者有效地结合，才能给书籍设计带来广阔的空间，这是书籍设计质的飞跃。

第一章 书籍设计概述

图1-3-5 封面的设计风格与内页设计形成统一感

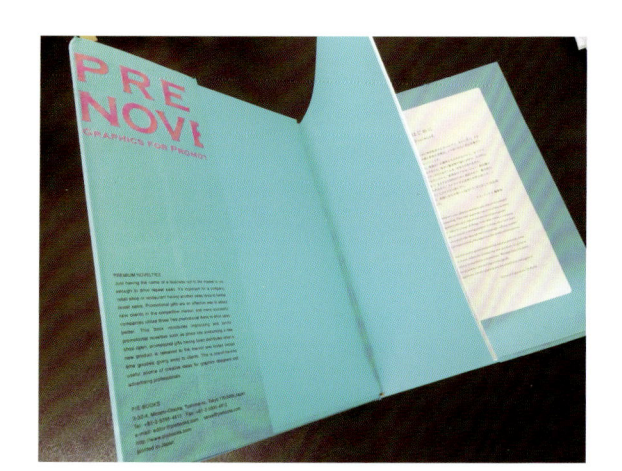

图1-3-6 作品中使用了统一的底色和构成形式

图1-3-7 该设计运用新型的线性装饰使书籍的设计感大大提高，提高了读者的阅读积极性

好的设计形式能符合现代人的审美需求，要大胆地糅合时尚元素，提升书籍的价值（图1-3-7、图1-3-8）。

（4）对抽象与具象的准确把握

从艺术的角度来看，书籍设计可以分为具象和抽象两大类。真实的原则，容易引起人的重视，具象的形体，给人信任感。具象艺术总是准确、形象、深入地表现对象。抽象艺术是在似与不似之间找到一种设计语言，用抽象的形态来暗示或表达书籍内容的思想或概念，造就一种视觉冲击力和形式美感来吸引读者，开启读者更多的思维空间。在书籍设计中，应使具象美和抽象美这两种原则水乳交融，把抽象形式寓于具象形态之中，具象形态的借用又能产生抽象的艺术语言（图1-3-9至图1-3-12）。

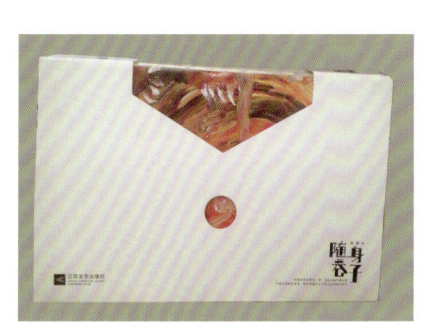

图1-3-8 采用几何图形不仅符合书籍内容，而且能够吸引读者的视线

019

3.2 书籍装帧设计师应具备的素质与能力

（1）沟通意识

一本书的装帧设计是否成功，不仅要依赖于一个有才华的设计师，还要依赖于一个有眼力的好编辑。装帧设计就像做菜一样，需要文编和美编的配合，才能"色、香、味"俱全，沟通在设计过程中也很关键。

（2）整体策划意识

一位合格的书籍装帧设计师在设计之前，应该了解和研究该书的内容和市场价值，阅读群体，市场同类书的设计方式、印刷工艺和价格定位，了解读者的所思、所想、所求。

（3）民族文化意识

书籍设计的民族特征性语言是民族文化精神的自然流露与体现，民族传统文化是书籍设计的底蕴与依托。优秀的书籍设计与内容浑然天成，是宣扬民族文化的重要手段，但民族化并不等于复古，而是文化的再创造和再发展。传统本身不会终止，文化传统有其连续性。设计师在设计过程中可以把丰富的传统视觉元素和文化精神作为养料进行现代的艺术设计创作。

图1-3-9 大量留白的封面设计中，抽象元素起到吸引注意力并呼应书籍的内容

图1-3-10 运用具象形的镂空效果能够给读者较深的印象

图1-3-11 运用具象形成的概括元素表现了与读者相互交流的空间

图1-3-12 适度使用岩石抽象元素，增强了书籍内容的延续性和可读性

第四节 书籍设计的社会功能与艺术价值

由于图书市场竞争的日益激烈，书籍设计的实用性、艺术性、商业性价值越来越得到人们的重视。其实装帧作为一个词汇的整体，本身就是一个艺术美的命名，既有艺术性的含义，也有功能性的含义。书籍的社会功能可以概括为三个方面：功能的实用价值、艺术的审美价值、商业的经济价值。

（1）书籍设计功能的实用价值

书籍的发展、装订形式的变化改进，都随着社会的发展而越来越适应实际使用的需求。书籍设计的重要任务就是设计书籍的形态，承载书籍的内容，有利于读者阅读。载录得体、翻阅方便、阅读流畅、利于传播、易于收藏，这些便是书籍设计的实用价值的具体体现（图1-4-1）。

（2）书籍设计艺术的审美价值

读者接受书籍内容所传达信息的过程，也是其享受书籍设计艺术的过程。通过书籍形态的塑造，设计者把自己对文字内容的理解转化为设计者的情感，让读者在阅读时被装帧设计烘托出的阅读氛围感染。在装帧的形式意味中如梦般地陶醉，并从中感受到人类的智慧和社会的进步与发展，从而得到美的享受，这就是书籍设计的审美价值（图1-4-2）。

图1-4-1 作品的设计不仅在功能上便于收藏，而且在设计形式上也具有简约的风格

图1-4-2 大胆地使用了添加材料，使得书籍别具一格

（3）书籍设计商业的经济价值

书籍作为艺术商品，它销售出去的不仅仅是书籍的内容，更包含了书籍的装帧艺术。书籍的商业价值是实用价值与审美价值的综合结果，我们也可以说书籍设计是作为书籍的附加值使其更具商业价值的，而且它不仅仅是书籍的附加值，更是造就书籍本身价值的重要组成部分。随着社会的发展和人们精神需要的不断提高，人们对书籍的装帧要求也不断提升，书籍设计成了关乎出版社经济效益至关重要的因素，甚至它已经不局限于可以让书"卖个好价"的经济效益了，它的意义更在于书籍设计艺术所创造的美和书籍本身价值增添的永恒的意义（图1-4-3至图1-4-5）。

图1-4-3　简约的设计与传统图案、文字大大提高了书籍的商业价值

图1-4-4　简约的文字编排较为适于快速阅读并不失美感

图1-4-5　便捷的手提设计大大提高了书籍的设计使用性

思考与练习

1. 对照中西方书籍设计发展的进程，分析其各有什么特点。

2. 书籍设计的意义和社会功能有哪些？书籍装帧设计师应具备的素质与能力有哪些？

3. 简述现代书籍设计的基本设计原则。

第二章　书籍设计的流程与方法

第一节　书籍设计的基本过程

书籍设计是一个系统工程，如今读者的审美水平不断提高，获取信息的来源更广，人们对书籍的要求已不仅仅是为了获取知识和信息，还要求从阅读上获得更多乐趣，要求阅读过程更轻松。这也给设计师们提出了更高的要求（图2-1-1）。

1.1 确定主题

在接受设计任务时，要弄清书籍的类型、主题、基本内容、读者对象、开本、印刷工艺和档次等基本情况，同时，基本素材也要齐全。其中的要点是对书籍类型和主题的理解。

在出版社或设计公司，选题一般都由编辑或客户选择，设计者不可能单纯地围绕自己的喜好选择，只能根据对象培养感情，因此，设计是受到一些局限的。而在教学模拟训练中，由于没有这种限制，学生的积极性和自主性会空前提高，想法往往天马行空。因此，确定几个大致的命题方向供学生选择，加以适当引导，既保证了设计的规范性，也能够让学生充分地发挥创意空间（图2-1-2）。

图2-1-1　设计的创意要贯穿始终，形成整体

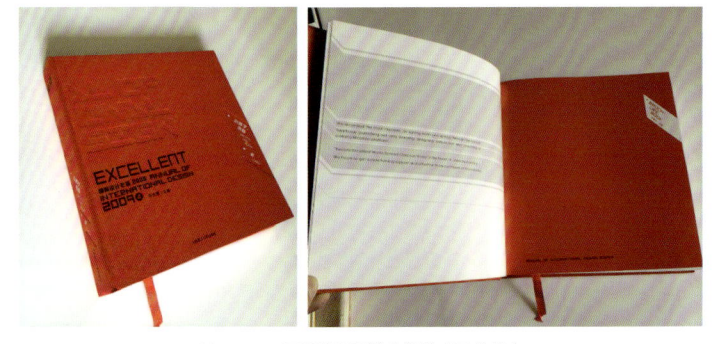

图2-1-2　画册的设计符合简约明了的特点

1.2 阅读原稿和风格定位

书籍设计是为书籍内容服务的。在设计前阅读内容有助于设计者对书籍形成整体的风格定位，了解书籍的精神内涵，从而明确该书的性质、读者对象等基本要素，使书籍成为由内向外渗透出赏心悦目魅力的作品。

从整体出发，根据书籍主题、类别、读者对象确定风格，以寻求最佳的表达告知方式。如果读者为女性，可设计得清秀雅丽些；如果读者是儿童，设计时则可以偏向于阳光艳丽，童趣些；如果读者是30岁以上的男性读者，就需设计得成熟、肯定、厚重些。此外，书籍的类型、发行的区域、读者的职业等因素都要进行定位规划。可随手多画几个草图，再从中选定一个最合适的作为正稿，构思时要注意变化与统一、对比与调和等形式关系，风格定位是整个版式设计成功与否的关键因素。其要点是凸显特色，个性鲜明，定位准确（图2-1-3至图2-1-6）。

图2-1-3 作品遵循书籍的主题特点，采用大量的退底图片，使图片的展示性增强

图2-1-4 图片和标题直接表现书籍内容，能够更有效地传达信息

图2-1-5 作品从整体风格上符合书籍内容性质

图2-1-6 装帧风格针对读者群的特点进行选择

1.3 资料的搜集与分析整理

资料的分析与整理有助于设计者了解同类书籍的读者群、价格、装帧、风格、开本、最新的印刷工艺、材料等相关信息，设计师甚至还可以与图书的作者或编辑沟通，进行讨论后提出创意与方案，为后期设计积累相关素材。

1.4 创意深化

创意深化是在吃透原稿的基础上，在脑海中对整本书的大致形态，进行文字内容的视觉化构思阶段。设计者对书籍的读者群、体量、开本、大体色调、装帧材料以及印刷、装订、裁切形成整体印象，以便设计方案更有针对性。然后确定以何种形态为视觉核心，并在版面中确定一个视觉焦点，设定初始的诉求语言。其要点是定位要准确，具有极强的针对性（图2-1-7、图2-1-8）。

用笔将心中构思大致勾勒下来，有利于捕捉脑海中稍纵即逝的灵感，也有利于设计想法的系统化。草图做得精确，往往更有利于后续工作的开展。如吕敬人为书籍《梅兰芳全传》设计的草图（图2-1-9），图中对书籍最有特色的表现形式——切口，有比较详细的描述，另外对于封面、书心版式、封底都有所考虑，书籍成型后，几乎完全忠于草图（图2-1-10）。

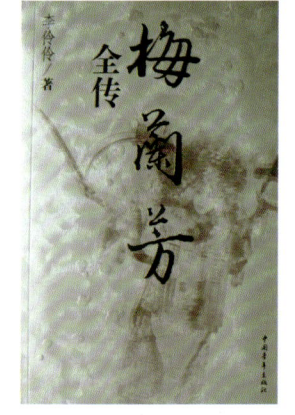

图2-1-7 《尚小云全传》书籍翻口位置的独特设计

图2-1-8 《尚小云全传》书籍在阅读过程中能直观感受到整体设计气氛

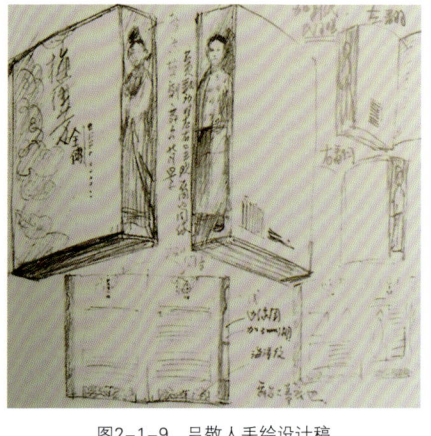

图2-1-9 吕敬人手绘设计稿

图2-1-10 吕敬人设计的《梅兰芳全传》成稿

图2-1-11　作品中采用具有发射特征的倒置头像，形成强烈的视觉效果

图2-1-12　图形自身的创意更加具有解释标题的说服力

图2-1-13　大度16开本

导入文字、图片，按设计需要对图片、文字进行装饰加工。字体、字号及色彩的设计要有针对性、前瞻性，使之具有个性和特色。同时，图片也要进行选择、裁切和修饰。如有必要，可使用电脑滤镜特效对图片进行深度加工、创意，使之更具鲜明的个性和视觉冲击力（图2-1-11、图2-1-12）。

1.5 开本的选择

开本一词是书籍进入册页装订之后形成的，更确切地说，在机制纸与机械印刷术出现后，才真正确立了开本的概念。开本是指一本书的幅面大小，是以整张纸裁开的张数作标准来表明书的幅面大小，只有确定了书籍开本的尺寸后才能进行一系列的设计工作，包括确定版心、版面布局、插图设计、封面设计等。在确定一本书的开本时，要对书的整体设计有大致的想象。确定书籍的开本大小，应考虑以下几个因素。

① 了解书籍的性质和内容，开本的高与宽就已经初步决定了书的"性格"。

② 读者对象的层面结构以及书的定价。

③ 原始稿的篇幅。

④ 现有此类书籍的开本规格。

书籍的开本作为外在的形式，是一本书对读者传达的"第一句话"。好的开本设计不仅会给人们留下良好的第一印象，而且还能体现出书的实用目的和艺术个性。开本的设计要符合书籍的内容和读者的需要，不能为设计而设计，为出新而出新。著名设计师吴勇说："书籍设计主要体现设计者和书本身的个性，只有贴近内容的设计才有表现力。脱离了书的自身，设计也就失去了意义。"

满足读者的需要始终都是开本设计最重要的原则。小开本表现了设计者对读者衣袋、书包空间的体贴，大开本能为读者的藏籍和礼赠增添几分高雅和气派（图2-1-13）。

1.5.1 开本的形态

开本的形态同纸张的规格有着直接关系。我国现在常用的纸张规格为787mm×1092mm（正度），889mm×1194mm（大度），进口特种纸的尺寸为700mm×1000mm等。由于纸张尺寸不一，即使开数相同，所得纸面大小也是不同的，如：

787mm×1092mm的32开为正32开，规格为136mm×197mm。

889mm×1194mm的32开为大32开，规格为146mm×209mm。

开本的尺寸在成书之后都略小于纸张开切成小页的实际尺寸，因为书籍在装订之后，除订口外其他三面都要经过裁切和光边，例如：787mm×1092mm的纸张，开切成32开本的尺寸为136mm×197mm，但在印刷装订过程中，常常不可避免地会损耗一部分纸边，在装订成册时，还要在书籍的天头、地脚和翻口三面各切去3mm的毛边，所以32开本的完成尺寸，一般就只有130mm×186mm。

图2-1-14　异形开本

1.5.2 开本的类型

（1）大型本

12开以上的开本适用于图表较多、篇幅较大的厚部头著作或期刊印刷。

（2）中型本

16开至32开的所有开本，属于一般开本，适用范围较广，各类书籍印刷均可应用。

图2-1-15　各种开本设计的书籍

（3）小型本

适用于手册、工具书、通俗读物或短片文献。如46开、60开、50开、44开、40开等。

在书籍的世界里，我们都曾有过这样的体验：散文和诗集开本狭长——省纸，并且别致优美；少儿读物使用方形大的开本，多是24开，以图为主，文字少；画册、摄影集、专业类书籍大多在18开以上，多以图版为主；还有一些异形开本，要根据具体书的内容决定，以便达到新奇、新颖的效果（图2-1-14至图2-1-16）。在设计过程中，开本大小也是根据书的篇幅多少来决定的。在确定开本时，一定要注意它最后成书后的宽高比例关系。

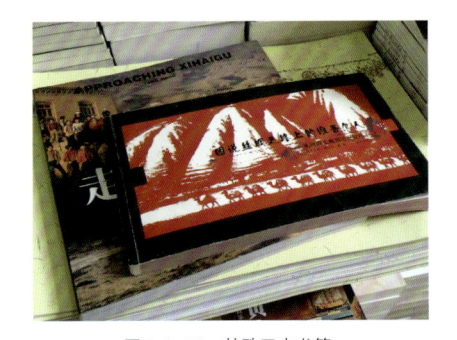

图2-1-16　特殊开本书籍

1.5.3 纸张的开切方法

纸的开切方法常用的有以下几种（图2-1-17）。

（1）几何级数开切法

开本的大小切为上一级大小的一半，几何级数开切法对纸张的利用率较高，全用机器折页，印刷和装订也较为方便。

（2）直线开切法

直线开切法开出的页数，双数和单数都有，并且不能全用机器折页。

（3）纵横混合开切法

纵向和横向不沿直线开切，纵向和横向都有，不利于技术操作和印刷的质量。

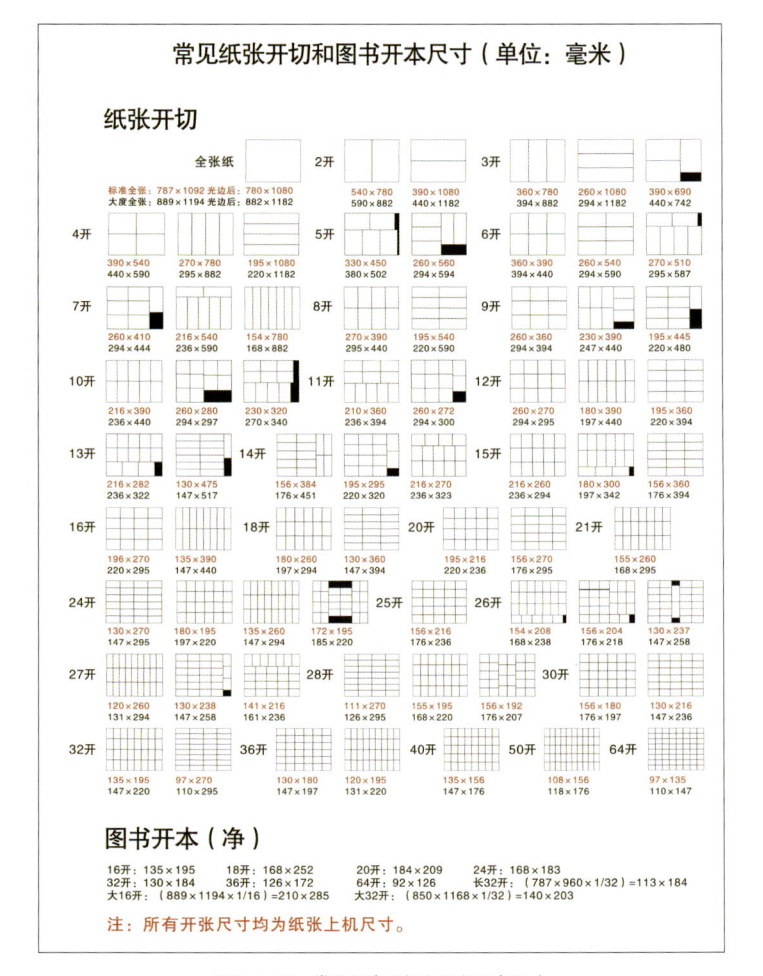

图2-1-17　常见纸张开切和图书开本尺寸

1.5.4 开本的规格

（1）基本开本

任何规格的全张印书纸均可裁成对开、4开、8开、16开、32开、64开、128开……其中16开、32开、64开普遍使用于各类书籍，8开、4开、对开及全开多用于画册、画报、报纸和单张画或招贴画，128开、256开除应用于袖珍本之外很少使用。开本基本上是按照纸张长边对折开法，开数成二的几何级数。这种方法适用于装订时使用机器折页。运用不同的对折的开法还可以产生不同的开本形态。如16开的纸对开成32开，可开成竖、扁二式。再如全张纸开成4开，可开成长方与长条二式。

（2）变化开本

变化开本采取了不对称或对等与对等相组合的折裁法，可开成3开、6开、12开、15开、20开、24开、28开、30开、36开、40开、42开、48开、50开、100开等。

按变化开数裁切也有不同的形态，如20开、15开各有方、长二式，同样，36开有长方和窄长二式，42开有方和窄长二式。

（3）特殊开本

因为出版上的某些特殊考虑，必须采用某种特殊开本时，结合我国现有纸张规格，可采取不规则的开切法，形成特殊开数。如5开、7开、11开、14开、25开、27开、35开、44开等。

特殊的开本既不便于开数计算，又不适于机器折页，有的开切后还有剩余纸边（零头），纸张不能充分利用，造成浪费。另外，这种横竖拼排切出的纸，纸的纹路就出现有横竖丝的区别。横竖丝的混合使用会影响书籍的外观，所以一般避免采用特殊开数。我们进行版面设计时，一般不轻易打破通常的开本规格（图2-1-18至图2-1-20）。

图2-1-18 特殊开本设计

图2-1-19 特殊开本设计

图2-1-20 针对读者人群的特殊开本设计

1.5.5 开本与黄金分割

开本有美丑之分，开本的高宽比例是否美观，可经过技术训练的眼睛判断。在不按照规定的开本，另外设计新的开本时，就需要根据书籍性质、读者对象、价格计算，去探求美观的高宽比例。

古今中外，书籍的基本形态总是长方形的，这种长宽的比例不仅是根据实用的要求得出的，而且包含着一种美的形式规律——黄金律。

黄金律的长宽比为1:1.618，可简化为2:3、3:5或5:8。其计算方法是：宽×1.62=长。黄金律这一比例标准从古希腊出现至今，一直是美学家、建筑学家、数学家、天文学家和心理学家进行探索并广泛应用的一种最理想的比例法则。

根据黄金律的启示，人们在纸张的规格及书籍的开本尺寸上，总结出接近这一比例的多种规格。如32开为1:1.415，长32开为1:1.732，长36开为1:1.673。但是任何一种美好的东西也不可能代替一切，我们还应根据这一规律进一步探索书籍开本新的比例和新的形态，以适应书籍的发展（图2-1-21至图2-1-23）。

事实上，由于长期积累的经验，开本的高宽比例已经是多种多样的，这也导致了开本的样式过于繁多，不仅提高了生产成本，而且使得书籍紊乱，放在书架上很不雅观。丛书的目的就是把许多同一类的书籍用一个相同的开本统一起来，使其具有整齐美。开本的大小和良好比例的求得，可以用墨纸剪成两个90°的直角条在白纸上拼合成一个方形——上下左右移动直到满意为止，在做这种试验时，也要考虑到与版心的联系。

图2-1-21 生活中多为黄金分割比例的书籍

图2-1-22 正度32开

图2-1-23 正度32开

1.6 图文的编排

　　书籍的内页主要由文字和插图两种要素组成，如何将这两种要素在版面上进行组合，我们可以参考下面的几条形式美的法则。

　　（1）变化与统一

　　变化与统一本来是一个对立的概念，也是形式美的总法则。要将其同时建立在一个画面内，主要的目的就是追求其本身的差异性，这种差异，是最基本的美感。在设计中，统一是主导，变化是从属，做到"整体统一，局部变化"，以统一来维持作品的整体性风格，以变化来打破陈式中的单调，激活版式效果（图2-1-24）。

　　（2）对称与均衡

　　对称是指两个基本形同等同量且并列或均齐的排列形状，方向、大小、形状完全吻合对应的关系。这种关系给人以安定、肃穆、整洁、沉静的感觉。均衡则是一种等量不等形的状态，是一种有变化的平衡。根据力的重心，以视觉心理为尺度，感受到视觉上的适应心理。在设计时，两者要有机结合，灵活运用，特别是要根据不同题材类型来决定两者之间的关系倾向（图2-1-25、图2-1-26）。

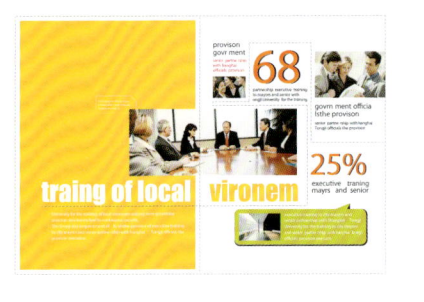

图2-1-24　作品中的黄色的运用形成书籍设计的统一性原则

（3）对比与调和

对比是把反差很大的两个视觉要素搭配在一起，形成大小、粗细、强弱、曲直、厚薄等强烈异感的形式手法。如大面积的文字中凸现出一个图片；又如粗体字和细体字混排等。而调和的作用，是削弱对比的绝对性和极端性，起到衔接和协调的作用，使作品更丰满统一，层次多变，主次鲜明。其特点是能产生强烈的差异感，突出主题，给人以深刻的印象（图2-1-27）。

（4）节奏与韵律

在版式设计中，节奏是指同一视觉要素按一定的秩序连续重复排列时所产生的运动感，是一种视觉上的周期性的规律。韵律的表现是表达动态的构成方法之一，在同一要素周期性有变化的反复出现时，会形成运动感。

在设计中，视觉节奏往往是通过视觉元素强弱、疏密、大小、明暗、前后、轻重来体现的，形成一种秩序美，韵律的动态感非常明显。流畅的文字版式、舒张的线条和连续起伏的视觉要素编排往往能给人韵律之美（图2-1-28）。

图2-1-25 对称的构图形成画面的视觉焦点

图2-1-26 图形与文字形成呼应的关系，融合在一起给人一种变化中的平衡

图2-1-27 通过图片的黑白色调，形成画面色调的对比

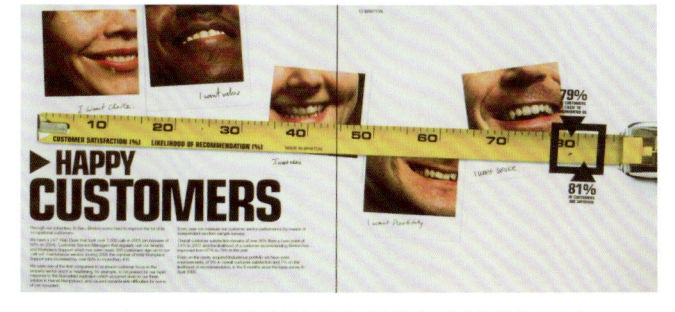

图2-1-28 通过图片的散点排列，形成画面较为活泼的节奏感

（5）整体与局部

整体是由无数个局部构成的，整体与局部是相互依存、相互对照的关系。设计的终端目标，总是建立在整体上的。因此，主次和轻重、虚实和呼应以及版式视觉要素的构建，都会以追求完整与和谐为目的（图2-1-29）。

（6）条理与反复

条理是指在设计中将点、线、面、黑、白、灰等视觉元素按照一定规律、秩序进行有机组织编排；反复是指同一基本形在同一平面内反复出现。在版式设计中，这种重复的效果往往能产生有序的层次感和空间感。如连续出现的基本形不但能体现整体、和谐和类似的感觉，更能表达出视觉上的韵律感（图2-1-30）。

根据图文编排法则及视觉流程的定位，对图文进行组织编排合成。视觉流程是一种视觉空间运动，是视线随着各种视觉元素在一定的空间内沿着一定的轨迹运动的顺序过程。好的视觉流向，不但符合人的视觉习惯，更能引导人的视觉阅读流向，从而有效读取视觉信息。图文的编排以视觉焦点为基础，确定初始的表达程式和阅读顺序（图2-1-31至图2-1-33）。

图2-1-29　作品中的色调的一致性和色彩倾向的区别形成整体与局部的关系，并且图片和文字都是居中的，呼应了整体性的结构

图2-1-30　作品中出现的同心圆和色彩形成有序的条理与反复

图2-1-31　以密集的形式进行编排形成画面视觉节奏感强烈的主题色调

图2-1-32　作品中手、卡片都暗含了向右的指示性

图2-1-33 通过圆形图标加强内容的区别性，便于读者按照阅读顺序浏览内容

1.7 版面整合

这是一个梳理、对照和调整的程序。梳理是指从头到尾，从整体到局部，从构思制作到打样出片，进行一遍仔细地印前检查，删除个别无关紧要的视觉要素，强化版面空间，使版面整体简洁、大气。对照，指以当前视觉效果与确定视觉焦点定位的初始设想寻求表述上的一致，反复试读作品视觉流程的流畅性，反复比较作品在思想语言及视觉表述上的独立性和求异性，并对不足之处做必要调整（图2-1-34、图2-1-35）。

1.8 定稿

再次检查作品的最后效果，并确定各细节无误后，对版式作品确认并提交。

图2-1-34 作品中齿轮部分形成视觉的对照

图2-1-35 繁杂的图形在外轮廓和色彩的调和下形成统一性

第二节　书籍设计的内容与形式

2.1 书籍封面设计

　　封面是书的脸面，是书籍与读者直接沟通的桥梁。它不仅体现了书的内容、性质，同时又给读者以美的亨受，并且还起着保护书心和美化书籍的作用。封面设计体现书的内容、性质、体裁的装饰形象、色彩和构图，它与书籍函套、护封、腰封、切口等都是密切相关的。

　　书籍封面主要包括书名（丛书名、副书名）、作者名和出版社名。设计者在设计过程中，为了丰富画面，可加上汉语拼音或外文书名，或目录和适量的广告语。在书脊上几乎都有书名、作者名、出版社名，方便读者在书架上查询。

2.1.1 以图形为主的封面设计

　　（1）具象封面

　　封面采用客观事物的写实性表现，使读者产生直观印象。如利用摄影图片或写实插图，渗透设计者主观意念（图2-2-1至图2-2-3）。

  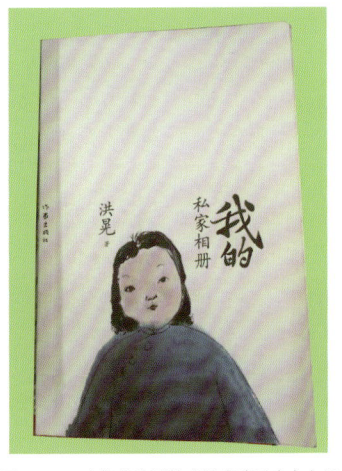

图2-2-1　设计中使用了蝴蝶的造型增强了封面的视觉效果　　　图2-2-2　具象图形直观地介绍了书籍内容　　　图2-2-3　人物的造型恰当地表述了内容主旨

（2）抽象封面

封面采用有机形、几何形或线条组合，运用丰富的色彩或材料的混合，达到传达书籍信息的目的。抽象图形作为主体的封面往往给读者预留了巨大的想象空间，用来表现科普题材、学术题材等无法用直观图像呈现的书籍，或是系列教材等有较大延展空间的书籍（图2-2-4、图2-2-5）。

2.1.2 以文字为主的封面设计

现代书籍设计已呈现出图文互动的趋势，先进的印刷技术加大了版面文字设计的可能性，文字的设计呈现出多元化、艺术化的趋势。尤其是在封面设计中，文字很多时候被设计者当作图形进行创意。字体打破了只能作为书名以印刷字体出现的呆板面貌，以更加生动的形态出现在书籍封面设计中（图2-2-6、图2-2-7）。

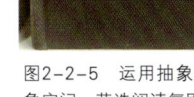

图2-2-4 封面使用了一些抽象元素形成强烈的视觉元素

图2-2-5 运用抽象图形给读者一定的想象空间，营造阅读氛围

图2-2-6 封面中通过文字的组合，形成版面的背景

图2-2-7 以文字的形式更为直观地展示书籍内容

2.1.3 以构成形式为主的封面设计

构成形式是指封面的形象或文字符号对空间占有的状况。封面设计最常采用的是对称式的构图方式。此方式能给人稳定、庄严的感觉。今天的封面构图越来越不拘一格，除了传统的均衡式构图外，具有强烈动感的对角线构图、散点构图、打散重构、极简等表现形式也不断出现（图2-2-8、图2-2-9）。

2.1.4 在形式上求变化的封面

传统书籍以16开、32开的长方形读本最为常见，也有部分画册为了方便大尺寸图像的印刷设计成12开的方形开本。极少数书会根据用途而设计成更小的开本，如小型字典、口袋书籍等。今天的书籍设计甚至在书籍形状上都开始了新的试验，越来越多的异形书籍走入人们的视线，为人们所接受和喜爱。但是书籍形状的设计很大程度上取决于书籍的题材和预算，切忌单纯追求新颖而无视书籍内容（图2-2-10、图2-2-11）。

图2-2-8 使用几何形布满整个版面，营造出画面跳动的色彩感

图2-2-9 以构成形式变更衬衣的肌理形成封面的视觉重心

图2-2-10 形式上采用了镂空的形态，增加形式上的新奇性

图2-2-11 结合内容选择合适的图形与开本

书籍设计 BOOK DESIGN

图2-2-12 吕敬人设计作品,以皮质材料增添了书籍的设计感和收藏价值

2.1.5 借用材质优势表现的封面

不同材质的装帧材料所能带给读者的视觉美、触觉美甚至嗅觉美都是现代书籍常用来征服读者的武器。木材、织物、各种特种纸材、塑料等材料使现代书籍不断打破人们的想象(图2-2-12)。

2.1.6 封面设计构思与设计方法

(1)想象

想象是构思的基点,想象以造型的知觉为中心,能产生明确的有意味的形象。我们平时所说的灵感,也就是知识与想象的积累与结晶,是设计构思的源泉(图2-2-13、图2-2-14)。

图2-2-13 作品运用几何形和肌理的结合,为读者营造了想象的空间

图2-2-14 豆荚的图形感增添了与内容契合点和阅读兴趣

（2）舍弃

构思的过程往往"叠加容易，舍弃难"，构思时往往想得很多，堆砌得很多，对多余的细节不忍舍弃。张光宇先生说的"多做减法，少做加法"，就是经验之谈。对不重要的、可有可无的形象与细节，坚决忍痛割爱（图2-2-15、图2-2-16）。

（3）象征

象征性的手法是艺术表现最得力的语言，用具象形态来表达抽象的概念或意境，也可用抽象的形象来意喻表达具体的事物，都能为人们所接受（图2-2-17、图2-2-18）。

图2-2-15　使用镂空的手法与底图形成视觉的空间感

图2-2-16　采用减缺图案造型，能够营造封面的简洁性，并突出主题

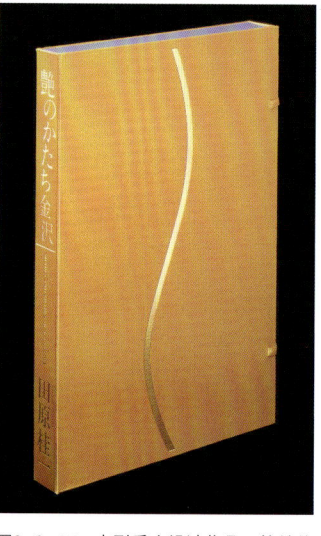

图2-2-17　山形季央设计作品，简单的线条、色彩，为读者营造了并不简洁的想象空间

图2-2-18　运用与书籍内容相关的图形来隐喻本书的重点

（4）探索创新

流行的形式、惯用的手法、俗套的语言要尽量避免使用，熟悉的构思方式、常见的构图、习惯性技巧都是创新构思的大敌。构思要新颖，就需不落俗套，标新立异。要有创新的构思就必须有孜孜不倦的探索精神。创新是一切设计的最基本条件（图2-2-19、图2-2-20）。

2.1.7 封面书名的设计

书名是书籍封面的"眼睛"，也是整个版面的视觉焦点，是传递信息、展示主题思想的窗口。要设计好书名，首先要深入分析书名文字，研究字体的结构和特点。一是要从文字的字形、结构特点入手，找到创意的突破口；二是要从文字的信息内容上发现亮点，利用平面构成原理，使文字形象化。书名的设计和创新要点如下。

（1）位置醒目

书名一般排放在封面居中靠上的显眼位置，以利于读者的识别（图2-2-21至图2-2-23）。

图2-2-19　封面巧妙地采用镂空效果，贴合了书籍内容主题

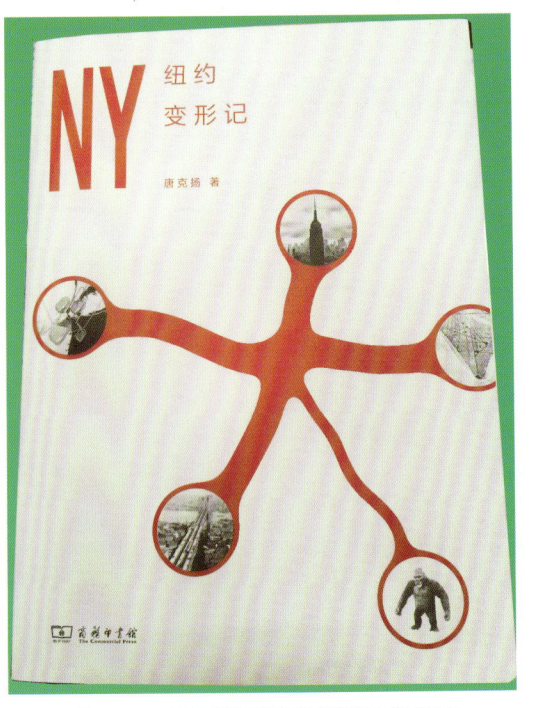

图2-2-20　运用发射状的图形能够集中阅读焦点

（2）字体粗大

面积加大可以使书名起到"主图"的作用，使主题更加突出（图2-2-24至图2-2-26）。

图2-2-21 通过字号的区分和位置的选择，来达到醒目的效果

图2-2-22 标题通过字号的大小达到醒目的效果

图2-2-23 颜色、字号大小的对比，形成视觉焦点

图2-2-24 加粗、加大字体使主题突出

图2-2-25 运用粗黑体使书籍的名称在文字群中达到醒目效果

图2-2-26 字体在封面中的面积能够起到视觉重点的作用

书籍设计 BOOK DESIGN

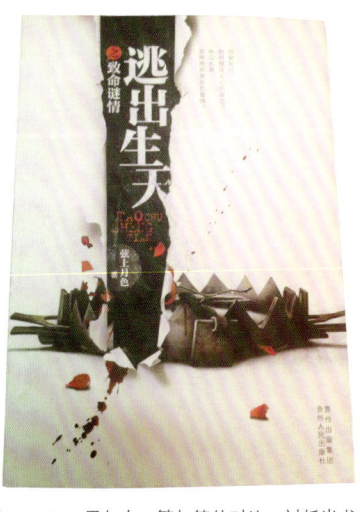

图2-2-27 黑与白、繁与简的对比，衬托出书名

图2-2-28 书名与黑色背景、红色背景都形成强烈对比

（3）对比强烈

主要是指书名与其他视觉要素的对比，如疏密对比要注意书名的周边尽量避免出现其他图片和文字，以免冲淡书名的醒目度，要最大限度地突出书名；位置对比要注意书名的位置与其他图文的位置要形成主次、强弱、虚实相呼应的节奏感，不但可以形成对比来提升视觉节奏，更可以用来平衡画面；另外，利用设计三要素——文字、图形和色彩的对比，也可以衬托书名（图2-2-27、图2-2-28）。

2.2 书脊的设计

书脊就是书的脊骨，它位于书的封面与封底之间。书籍设计中，书脊是最容易被忽略的位置，由于书脊面积狭小，夹在封面和封底之间，设计时往往被视为书籍的"附件"。其实，书脊是书的最重要部位之一，因为书如果放在书架上，书籍的封面封底是看不到的，读者只能通过书脊上的信息来了解书籍，书脊便成了传播信息、展示主题和引导消费的唯一窗口。

书脊可以分为两种，即方脊和圆脊（图2-2-29、图2-2-30）。方脊一般多见于平装书，圆脊多见于精装书。市场上中文书籍的书脊大多数对上述信息采取竖排的形式，也有少数书脊在设计时采用横排方式。当然，这要由书籍本身的厚与薄来决定。太薄的书脊，书名的横排会使其字号较小，不易识别。相比较而言，外文书籍由于语言构造简单，笔画较少，排版时的自由空间会大一些，但在设计这面积较小的书脊时也不能草率。

图2-2-29 方脊

图2-2-30 圆脊

第二章　书籍设计的流程与方法

 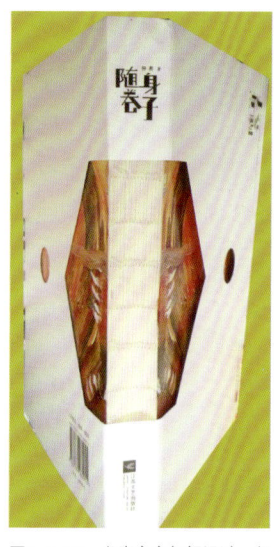 

图2-2-31　书脊设计的简洁性便于识别　　　图2-2-32　书脊文字加粗设计，很　　图2-2-33　书脊色彩鲜亮，系列设计感使
　　　　　　　　　　　　　　　　　　　　醒目　　　　　　　　　　　　　其在众多书籍中脱颖而出

书脊的设计要点如下。

（1）简洁

由于书脊面积狭小，设计时要集中突出主要信息，内容要简练（图2-2-31）。

（2）醒目

书脊设计时，要突出书名，字体宜粗（图2-2-32）。

（3）对比

利用色块的衬叠、字体粗细及明度的反差形成强烈的对比。同时也要做到粗中求精，简洁大气又不失细节精致（图2-2-33）。

2.3　勒口设计

在平装书的封面和封底或精装书的护封的切口处多留有一定宽度的部分，并向里折叠包卷，这部分称为勒口。一般来说，勒口上包含的信息主要有图书内容概述、评论者的评论文字、作者简介及其他信息等（图2-2-34）。

勒口在书籍中能起到辅助信息传达与坚固封面从而保护书心的作用，在设计时要注意下面几个问题。

① 在视觉要素中，勒口不是独立的，更不是设计的补充和填漏，它是封面设计视觉节奏的延伸，它只是在功能方面是特殊的。设计时，要将勒口看成是封面的一个部分，在色彩、视觉要素的运用方面特别是图文信息的组织和重构方面，要与封面相呼应、相协调。

② 要准确把握勒口的功能作用，准确表现图文信息，视觉要素不能太多太杂，空间处理要合理，表现手法避免粗糙、潦草，要讲究细节。

③ 设计时，一定要注意勒口折叠的宽度，以确保折叠后封面图文信息的完整美观。如果封面图文面积留得不足，折叠后会将勒口上的图文信息留在封面上，造成不

043●

书籍设计 BOOK DESIGN

图2-2-34 勒口与封面的设计是一个整体

图2-2-35 勒口的整体设计

图2-2-36 勒口

良的视觉效果。所以在设计过程中，要留意作者是否改变了印张，如果印张改变了，那么书脊的厚度必将改变，从而导致封面的宽度发生变化，最后直接影响到勒口的折叠。

④ 勒口的宽度设计也很重要。一般来说，32开的书籍勒口的成品宽度不要小于80mm，效果会更好。勒口宽度不能太小，否则勒口包不住衬页，翻动时就会脱离书籍衬页，显得小气；但也不能太大，因为要考虑材料成本的消耗和纸张开本的有效利用这两个因素（图2-2-35、图2-2-36）。

2.4 环衬

一般而言，环衬上不出现图文信息，环衬可以作为逐步引向正文的装饰，也可以根据主题的内涵，配以简单的套色或与书籍内容相关的装饰图案，或者直接配上专用的环衬纸。

精装书环衬的材料很讲究，色彩和质地往往与书籍主题非常吻合，并且前后环衬遥相呼应，还会起到提升主题的作用。在设计时，一是要把握好环衬的色彩，根据书籍主题选定相应的色彩。一般来说，环衬的色彩纯度宜低，明度偏低，呈现厚重素雅的本色。二是要把握好纸材的质感，大胆采用具有视觉肌理或触感肌理的纸品，使书籍从视觉效果到材质配饰都更具特色和个性（图2-2-37至图2-2-39）。

图2-2-37 与封面形成的整体环衬设计

• 044

第二章 书籍设计的流程与方法

图2-2-38 用故事主角"我爸爸"的衣服图案作为环衬，暗示和呼应了故事内容

图2-2-39 《我爱我的爷爷》前环衬作为故事序曲，引入正文内容，后环衬是正文的尾奏，延伸了故事内容。前后环衬画面内容不同，但形式一致，遥相呼应

045•

2.5 主书名页

2.5.1 扉页

设计扉页时，首先要对该书的内容和风格进行了解和判断。它是活泼欢快的，还是含蓄隐晦的；是富有魅力的，还是文静简朴的；是传统的，还是现代的等。同时也要知道这个作品的民族特点和地方特色，了解作者及其有关的活动。

在设计材料方面，可以应用插图的装饰、简洁的图案、印刷字体、美术字体以及色彩来表现一般的性质和感觉。在设计技巧方面，运用想象力，在版面上进行组织和装饰，处理好它们的配置和黑白关系。也就是要有清楚的文字分组和协同的空间分割，达到表现书籍内容和风格的目的。

扉页与封面的风格既要一致，但又要有所区别，不宜烦琐。风格要保持统一，两者应一气呵成。扉页上一般用三种不同的字号就够了，有的还可以再少一些。作者姓名可用大一些的字号，书名一般要用最大号字体。美术字体和书法大多应用于书名，有时也可以扩大到其他文字。

扉页的构图方法是多种多样的，目的都是为了更好地反映作品内容，方便阅读和给人以美的享受（图2-2-40至图2-2-42）。

在文字很多的情况下，也可以利用左面的空白页，因为展现在读者面前的是双页，这种设计叫作双扉页。如果把丛书名或把译者和作者以及书的原名放在左页，可以形成相呼应的双页。

儿童读物应用色彩是受到欢迎的。应用色彩时还要考虑到纸张的本色，要注意到书籍的内容，因为不同色彩有其不同的含义和人们习惯的看法。

图2-2-40　扉页要控制字体的种类

图2-2-41　含有插图的扉页设计，力求组合关系的多样化

图2-2-42　《大卫惹麻烦》引人遐想的构图、变化的色彩，很好地表现了书籍的内容和风格

2.5.2 版权页

图书版权页，是一种行业习惯称呼，是指图书中载有版权说明内容的书页。在国家标准中，它实际上是图书书名页中的主书名页背面。

版权页包括了书名，作者、编者的姓名，出版者、发行者和印刷者的名称及地点，开本、印张和字数，出版年月、版次、印次和印数，统一书号和定价等。

版权页一般安排在扉页的反面，或者正文后面的空白页反面。文字处于版权页下方和翻口处为多。版权页文字中书名字体略大，其余文字分类排列，有的还设计并运用线条分栏和装饰，起着美化画面的作用（图2-2-43至图2-2-46）。

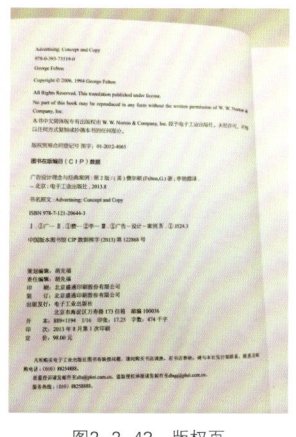

图2-2-43 版权页

图2-2-44 版权页与扉页上的图片构成了故事的前奏

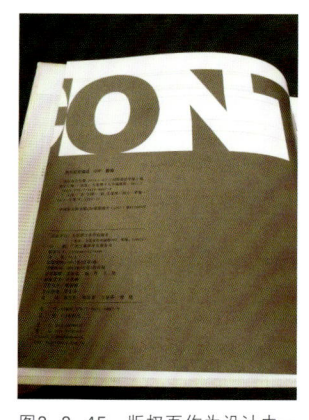

图2-2-45 版权页作为设计中一个局部体现在书籍设计中

图2-2-46 与海底有关的图片装饰和美化了版权页

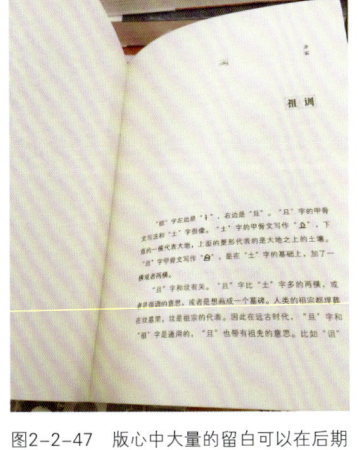

图2-2-47　版心中大量的留白可以在后期阅读过程中便于书写和批注

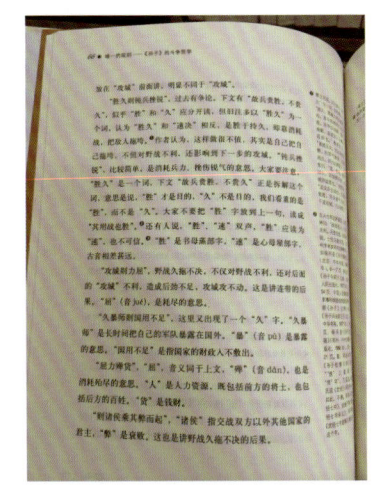

图2-2-48　版心的内白边添加了注文，使读者在阅读过程中方便查阅

图2-2-49　版心的大小和特点要根据选区内容的特点进行选择

2.6　书籍内文设计

　　书籍内页是主体信息的载体，在表现形式和内容传承上具有连续性。在设计中，可以巧妙利用文字的字体大小、行距、间距、段落进行版面分栏群组，利用色彩进行衬叠、渲染，利用图形进行装饰，形成一种独具魅力的视觉语言。设计过程中要注意每个版面的呼应和协调，也要注意版面之间的连续性、整体性。

　　内页设计为读者提供阅读的方便、减少阅读的困难及疲劳，并给读者以美的感受。传统的书籍都是采用直排形式，以字序自上而下，行序自右向左，决定了书籍的订口是在书的右边，书页是从左向右翻。直排形式书籍的版心偏下，横排书籍的版心则在书的中心偏上，横排更适合人体构造，减少阅读时目力的损耗，同时也能对书籍内容的设计展开广阔的联想。

2.6.1　版心

　　版心也称版口，指书籍翻开后，左右两页成对的双页上被印刷的面积。在看书的时候总是看到双页的，这一点正是书籍设计与单面的广告、海报的不同之处。版心的四周留有一定的空白，四周的白边分别为天头、地脚、翻口、订口。白边有利于阅读，避免版面紊乱，利于稳定视线，有助于翻页。空白的边框把两边的版心连到了一起，中间的内白边是在阅读时文字和订口之间必不可少的距离。

　　版心的设计取决于书籍开本，要从书籍的性质出发，方便读者阅读和节约纸张材料。四周的边框留得过大，版心就相对地缩小，字量随着减少，既不经济也显得华而不实；边框留得太少，超过了一定限度，在阅读时会感到局促和吝啬，有损于版面的美观，在印刷上也容易造成事故。

　　理论书籍白边可留得大一些，便于读者在空白处书写和批注；科学技术书籍出版量小，读者少，成本高，白边就应留得小一些；袖珍本、字典、资料性的小册子、廉价书尽量利用纸张，白边也应留得小一些，但至少要有10毫米的宽度；精装本、纪念性文集用较宽的白边，能增强书籍的贵重感和气派；行距宽的即疏排的版心，其白边相应要宽一些；反之密排的要窄一些（图2-2-47至图2-2-49）。

2.6.2 字体

字体是书籍设计的最基本元素，在内页设计中的地位很重要。字形在阅读时往往不被人注意，但它的美感会随着视线字里行间的移动产生直接的反应，也会在阅读的间隙和翻页时起作用，字体的美能帮助阅读。

（1）常见的印刷字体

① 宋体：起源于宋代，明代被广泛应用，也称明体。字形方正，结构严谨，笔画横细、竖粗，对比鲜明。用来排印书版，整齐均匀，阅读效果好，是一般书籍最常用的主要字体。

② 仿宋体：模仿宋版书的字体，特征是字形略长，笔画匀称，结构优美，挺拔秀丽，活泼自然。适合排印诗集和短文，用于序、跋、注释、图片说明和小标题等。由于笔画较细，不够端庄稳定，阅读时间长了容易损耗目力，效果不如宋体，不宜排印长篇的书籍。

③ 楷体：字形较手写要更加端正规范。常用来排印小学低年级的课本和通俗读物。由于楷体的字面较小，笔画和间架不够整齐和规则，一般书籍不用它排正文，仅用于短文和分级的标题。

④ 黑体：笔画粗壮，方黑一块，结构紧密，庄重有力，朴素大方，常用于标题和重点文句，显得突出醒目。

⑤ 圆黑体：由黑体演变而来的圆黑体，具有笔画粗细一致的特征，结构上比黑体更显得饱满充实，字形见大。其细体也适用于排印某些出版物，是人们喜爱的一种新字体。

⑥ 书法字体、美术字体：常用于书籍封面和扉页的书名以及儿童画册的标题，比较适宜于杂志和报纸副刊的标题用字。

一般情况下，一本书会选择一种字体为正文字体来完成设计，但实际上一个设计作品的字体种类通常是不止一种。为加强标题或一段文字的效果，可以使用较大的正文字体，也可以使用其他字体。一本书中通常用2~3种字体来做设计形成明显的字体层级，字体种类太多会使读者感到杂乱，妨碍视力的集中（图2-2-50、图2-2-51）。

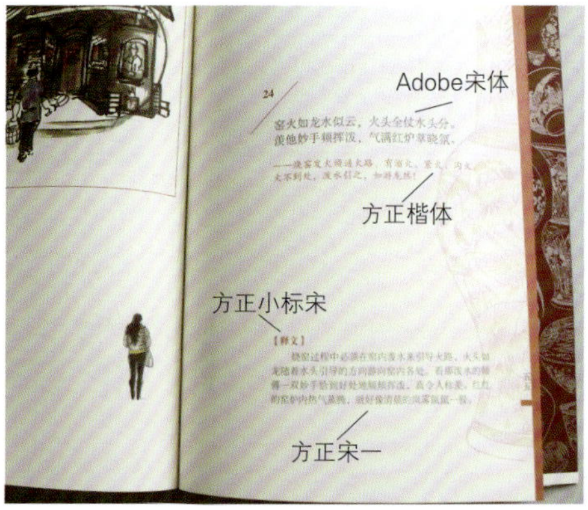

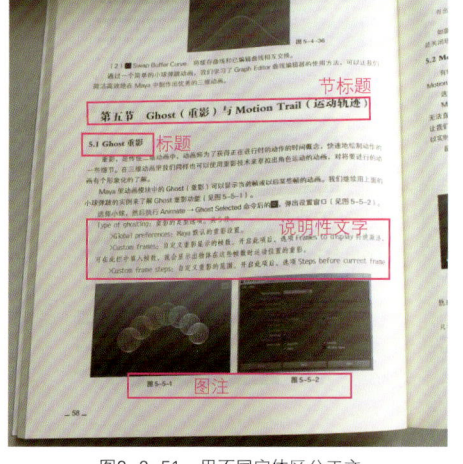

图2-2-50　《景德镇陶歌》内文

图2-2-51　用不同字体区分正文

表2-2-1　常见字号大小

号数	磅数	毫米
初号	42	14.82
小初	36	12.70
一号	26	9.17
小一	24	8.47
二号	22	7.76
小二	18	6.35
三号	22	5.64
小三	21	5.29
四号	14	4.94
小四	12	4.23
五号	10.5	3.7

（2）正文字体大小

正文用字的大小要注意以下两个因素。

① 读者范围。一般书籍9～11磅的字体对成年人连续阅读最为适宜。8磅字体使眼睛过早疲劳。12磅或更大的字号，按正常阅读距离，在一定视点下，能见到的字较少。大量阅读小于9磅字体会损伤眼睛，应避免用小号字排印长的文稿。儿童启蒙读物须用36磅字体，16磅字体要一直用到第一学年结束，第二学年到第四学年用14磅或12磅字体。老年人视力差，也应使用较大字体。

② 原稿篇幅。篇幅少，但有分量的书籍，也可用大一些的字体，把书出得大一些和厚一些（表2-2-1）。

（3）字行

用10磅字体排的字行超过100～110mm和用8磅字体排的字行超过80～90mm时，阅读就会感到困难，或者会发生跳行错读。字行长达120mm时，阅读的速度就会降低5%。字行的长度为80～105mm时为最佳行宽。有较宽的插图或表格的书稿，要求较宽的版心时，最好排成双栏或多栏。

（4）行距

行距是指两行文字之间的空白距离。行距的恰当使用会在阅读时比较方便，使版面清晰美观（图2-2-52、图2-2-53）。行距的大小一般根据具体情况来定，行距要大于字距，通常书籍的行距为

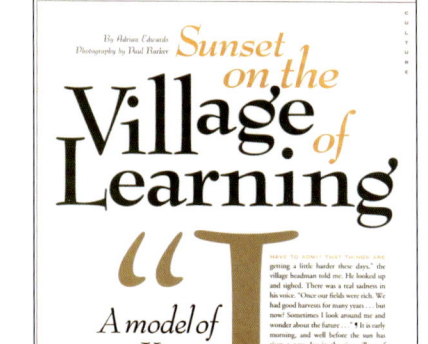

图2-2-52　字体的字间距、行距大小的选定由内容多少决定，并影响阅读的先后顺序

图2-2-53　简要说明性文字的行距可根据内容量的多少进行区分设计

图2-2-54 段落中字号大小的更换，能够起到突出的效果　　　　　图2-2-55 通过颜色、字号形成阅读过程中的重点表示部分

正文字号的1/2或3/4。例如连续阅读的书，行距要宽些；参考查阅用的书，行距可窄些；长的字行，行距要宽些；短的字行，行距可窄些；要求特别疏朗的版面，行距可达到正文字体或更大的宽度，行距过于宽大，也影响版面的美观。

（5）重点标志

在正文中，一个名词（人名或地名）、一个句子、一段文字或从其他书中引用的引文，可以用各种方法加以突出、醒目（图2-2-54、图2-2-55）。

① 外文：斜体字体是表现外文最有效和最美观的突出重点的方法。

② 汉字：目前使用最多的是黑体，也有楷体和仿宋；在文字下加重点线，但是会扰乱整页版面的灰色图像，降低直线阅读的效率，只有在特殊需要的情况下，才可使用。

③ 颜色：须同书的内容相适应，色泽和谐，以锈红、朱红、葡萄红、钻蓝、旧金色为宜。使用重点标志，应视文字重要性与本文的关系而定，同时保持灰色调子的和谐和阅读的流畅。

（6）段落起行

读者在阅读一个段落后，要有一个很短的时间来休息和回忆思考，一般每个段落起行缩进两格；字数不太多时，起行也有只空一格的，也有不缩进的，如诗词中的段落；还有超出版心一格的，适用于字典、某些专业书籍和技术书籍。段落起行的处理是为了方便阅读，要从书籍的性质和内容出发，探求各种方法，不要为了变化而追求变化。

2.6.3 书眉

书眉是指位于书籍天头、地脚或翻口比正文字略小的章节名或书名信息。书眉下有时还加一条线，这条线被称为书眉线。书眉的设计要求精致、简洁、集中，字与线的对比可以形成衬托、装饰。可以利用文字粗细对比的手法，也可以利用黑色与灰色

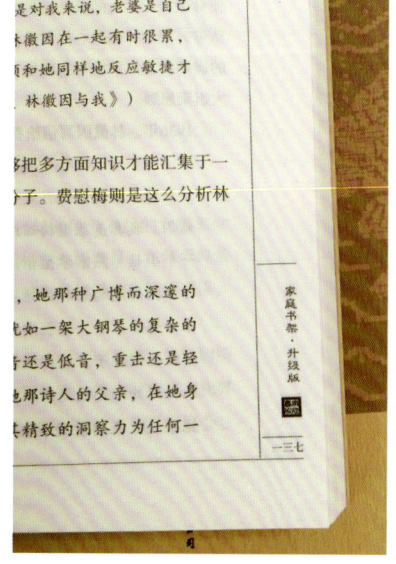

图2-2-56 书眉设计

图2-2-57 具有字体设计的书眉设计

图2-2-58 简洁的书眉设计,左书名,右章标题

对比的手法进行映衬。书眉有装饰版面、增加视觉层次、区分栏目信息的作用。一般的小说,有目录和一根书签就很容易找到需要阅读的内容;篇幅较多的科学技术书籍、字典,书眉像一个引路人,带领读者查阅翻检。

通常使用横式与直式的书眉,放在版心的上端,有章标题或字典的部首、字头或其他检索的条目。采用正文大小或小一号的字体排一行,不能转行,文字过长可删节位置;一般放在版心的上面,遇到下白边较宽的书籍,也可放在下边和页码同行。书眉常用于字典、辞书、手册等工具书和章节层次较多的学术著作(图2-2-56至图2-2-58)。

2.6.4 页码

页码用于计算书籍的页数,可以使整本书的前后次序不至于混乱。一般从书籍正文的第一页算起,其他如序言和目录等另编页码,如果页数不多,也可不编页码;也有的书籍从扉页起算页数,但不标注页码,而正文从3、5、7等页算起。

页码可以放在版心的下面靠近翻口的位置,也可以在书页的左右两侧。可以根据需要设定,一般设置在版心之外,尽量不占用版心的位置,如果满版出血图片时,原来页码的位置被图片占用,应将页码改为暗码,即不出现页码数字,只占相应的页数,但暗码不能连续出现。有页标题的页码可与页标题合排在一起,同占一行。页码放在里面的情况很少,一般在摄影画册中,由于图片常在上面、外侧和下面,页码的位置被图片占去才使用。

页码一般采用与正文相等或略小的字号。在字体的选用上,由于黑体太醒目,一般很少用,但在版面较黑的画册和宣传册中黑体可能很适合,在技术书籍、字典等工具书中,页码采用黑体效果也比较好。

页码的装饰如文艺读物、特殊宣传品和印刷品,会使用一些惹人喜爱的小装饰,如加小圆点、短线、方或圆的括弧,以减少单调感,可以达到很好的效果。

但是要注意添加的装饰不应过多,使用等大或小一号的页码,装饰和布局必须统一在整体版面的设计中(图2-2-59至图2-2-61)。

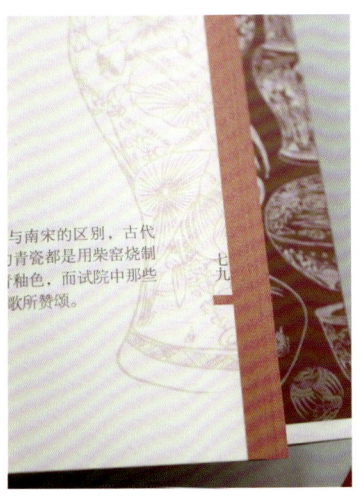

图2-2-59 古籍及历史典故等书，一般用汉字页码

图2-2-60 在翻口位置的带有底色的页码，适于快速查阅

图2-2-61 处于翻口位置的页码设计

2.6.5 标题

标题是用来分隔篇章段落的。比如文艺读物的标题十分含蓄，不是一下子把内容全都暴露出来；科学技术类书籍的标题比较透明，能透过它很快知道大概的内容；通俗读物、教科书则两种可能都有。

重要篇章标题必要时可从新的一页开始，排成占全页的篇章页。特殊的篇章标题，也有放在版心的下半部分的，也可把标题顶在版心的上端，为的是强调版心的完整和美观，副标题在正标题的下面，用小一些的或另一种字体。

另页起排的重要标题约占版心的1/4，下一个标题接排视轻重占四行至一二行不等，下面再接排正文。标题下面正文第一行必须和邻页同一行保持在一条线上，标题应避免放在版心的最下边，应设法把它移到后面一页去，或把后面一页的文字移一二行上来，使标题不离正文。标题一般不用标点，如果非用不可，那么题尾一般不排标点。

标题左右居中的，称为对称排法。这种排法的标题有从版心的左边开始的，也有放在右边的；对于副标题来说，在对称居中的标题下面的副标题，放在左边，层次会显得更清楚。

按标题重要程度，突出标题的方法，可分别使用大号字体、别种字体、稀排、空行、较大的行距等方式来加以突出。一般来说，标题字体比正文字体大二号左右就可以。采用文字布局的方法同样能突出标题，使用正文同一字号甚至更小的标题字体，只要留有较宽的行距，同样能收到良好的效果。按重要程度可分别使用较粗的字体和其他字体（图2-2-62）。

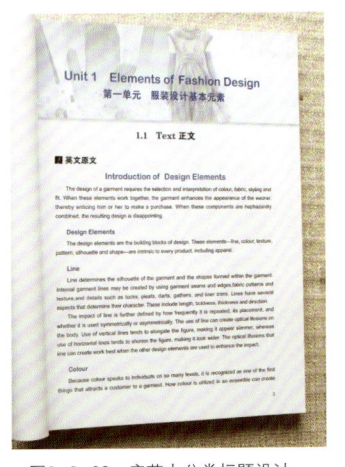

图2-2-62 章节中分类标题设计

2.6.6 目录

目录又叫目次，是全书内容的纲领，它显示出结构层次的先后，因此设计应眉目清楚、条理分明，这样才有助于读者迅速了解全部内容。目录可放在序言的前面或者后面。科技书籍目录必须放在前面，起指导作用。如果序言对书的结构和目录已有所论及，目录就应放在序言之后。文艺等书籍的目录也可放在书的末尾。字号可用正文或比正文小一些的字号。题目不长，其宽度可比版心缩小一些。

正文排成两栏的，目录也可排成两栏的格式。题目和页码之间一般用点线相连，点线及页码必须上下对齐，点线也可作一格一点或者作间歇的处理。如果文字多，可放弃虚线连接，只要达到连接起题目与页码的目的即可。在题目字数少和长度较短时，可放弃点线而缩短题目与页码之间的距离。如把页码放在前面，把题目放在其后使页码与题目之间的空距相等，做成右边不齐的形式也许更适合诗集的风格。科技书籍如果把题目分成大、中、小不同等级，那么大题目顶格，中小题目作梯形逐级留出空格（图2-2-63至图2-2-65）。

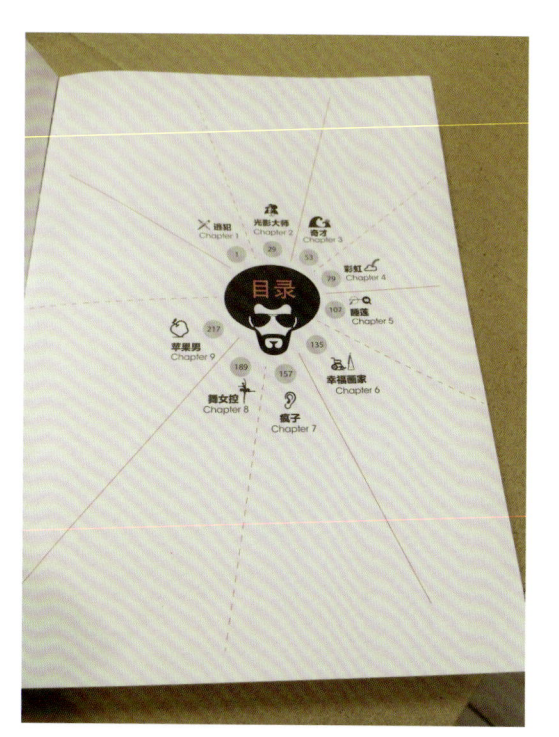

图2-2-63　独特的目录设计

图2-2-64　目录

图2-2-65　目录与整体书籍设计互为一体

2.7 图形设计

图形在书籍设计中具有举足轻重的地位，其运用更能充分准确地说明内容，更为明确地表达信息。实验表明，在人对色彩、图形和文字的感受中，首先感知的是色彩，图形次之，文字最慢，而色彩主要是借助图形（包括文字图形）而存在。所以图形对人具有很强的影响力，能给人较大的想象空间和更深层次的意向。

2.7.1 图形的基本类型

（1）矢量图形

矢量图形是运用坐标系统中的数学运算公式，描述和记录直线、曲线、点等属性，从而形成类似于框架的图形。矢量图形所占的容量很小，修改十分方便，且能够将图形任意地放大、缩小、扭曲、延伸而不用担心产生锯齿。通过Photoshop等软件可以将矢量图形轻松地转变为位图图像（图2-2-66）。

（2）位图图像

以数码相机拍摄、电脑软件直接建立、扫描分色等途径产生的图像，称为位图图像。位图图像由相应的单元即图像上看到的像素所构成，像素是屏幕上显示图像的最小单位。

位图图像由像素排列而成，并通过色彩混合呈现出单一图像。位图图像以不同的色彩模式，不同的色阶数目进行存储。色彩模式有：灰度、RGB、CMYK、Lab等。色阶则用每个像素的色阶数目标识。位图图像的放大倍数如果超过容许值就会因为分辨率降低而使图像产生锯齿（图2-2-67）。

2.7.2 图形图像处理

图形图像制作分为图像处理和图形制作。图像处理主要是对原有图像进行加工，如为图像添加各种效果、裁切、润色等。而图形制作主要是制作图形，就像在纸上画画一样，只是用鼠标代替了画笔，以数码文件的形式进行存储。图像是用来体现作品的一个重要手段，不同的作品运用的图像也不一样。如小说蕴藏的艺术气息较浓，封面的图像多采用写意的图像；商品、生活用品、旅游、建筑等方面的书籍封面设计多用写实

图2-2-66　矢量图形

图2-2-67　位图图像

图2-2-68 酒杯的摄影图片增添了画面的层次和节奏

图2-2-69 多图的组合采取去色、增加透明度的方法可以提高整体的设计氛围

图2-2-70 插图成为烘托文学内容不可或缺的一部分

的摄影图像；科技、教育、政治等方面的书籍封面设计多用抽象的图像。

（1）摄影图片

摄影图片是书籍图像的最重要来源。书籍设计采用摄影图片，方便、高效且信息明确。书籍设计采用的摄影图片有如下特点：对焦准确、曝光适当、亮部到暗部色调有丰富的层次变化、没有粗糙的斑点、符合输出尺寸（图2-2-68）。

数码照片在大多数情况下只需将RGB模式转换为CMYK模式，但在不满足以上条件时就需利用图像处理软件做适当的调整。如更改图像像素大小时，为避免产生不和谐的颜色或图像质量的下降而采用图像插值，多张图片摆放在一起时，为了突出其中一张，可以采取去色、增加透明度等方法（图2-2-69）。

（2）插图

插图是对文字的视觉形象阐释，它紧扣题意，具有比文字和标志还要强烈、直观的视觉传达效果。插图通常是设计师为书籍题材自行绘制或从图库中直接获得的矢量图形，再转为TIFF格式存储输出就可以了。插图具有从属性和独立性的特点。

① 插图的从属性。插图是一种从属于文学的造型艺术。它的从属性由内容决定，并客观反映思想内容，与环境、人物、时间、地点吻合，并且反映作品的内在精神，也包括了作品的体裁和作者的风格，使用相应的形象语言，把握与文学语言相和谐的音调，使插图和文字成为浑然一体的完整的艺术作品（图2-2-70、图2-2-71）。

② 插图的独立性。文学是语言的艺术，它以文字为表达手段。造型艺术是视觉的艺术，它以形象为表达手段。它们各具特色，但也都有局限性，为弥补缺点，就产生插图这一艺术形式。插图作者可根据对原著内容的理解，发挥想象力和创造力，弥补文字内容的局限性（图2-2-72）。

从属性和独立性构成了插图艺术的特点，是不可分的统一体，如果插图离开了文学内容，那就变成单调乏味的图解了。由于插图是书籍艺术的一个重要组成部分，因此在设计时不仅对全套插图的结构要有全盘考虑，还要统一在书籍的整体设计之中，并且考虑画面与字面的关系，与护封、封面、扉页、正文、纸张、印刷等各个部分构成一个和谐的艺术整体（图2-2-73）。

图2-2-71　从属于内容的插图设计

图2-2-72　插图独立性的艺术表达可以弥补文字的局限性

图2-2-73　插图能够作为文字的补充说明，从而达到事半功倍的效果

（3）文字

字体在书籍设计中，除了正文部分外，更多地应作为图形来处理。所以，除了字意的准确外，还要考虑它在整体构图中的位置、字形、大小、疏密、风格等，要慎用手写体和不规则字体（图2-2-74、图2-2-75）。如果封面设计是以位图的形式存储，则文字在矢量图形处理软件中添加较好。为了避免不同软件字体、字库的兼容性问题，字体在输出时最好都转为曲线形式存储。

2.9 印前设计

出血也叫出血线或者出穴线，是常用的印刷术语。在制作的时候分为设计尺寸和成品尺寸，设计尺寸总是比成品尺寸大，大出来的边是要在印刷后裁切掉的。这个要印出来并裁切掉的部分就称为印刷出血（图2-2-76）。

现在实行的出血位的标准尺寸为3mm，也就是沿实际尺寸加大3mm的空白边。在裁切位置加上空白的延伸，专门给各生产工序在其工艺公差范围内使用，以避免裁切后的成品露

图2-2-74 字体作为图形设计的一部分

图2-2-75 字体及对文字的上光处理，使书籍看起来更加精致，加上颜色的搭配，契合该书的内容

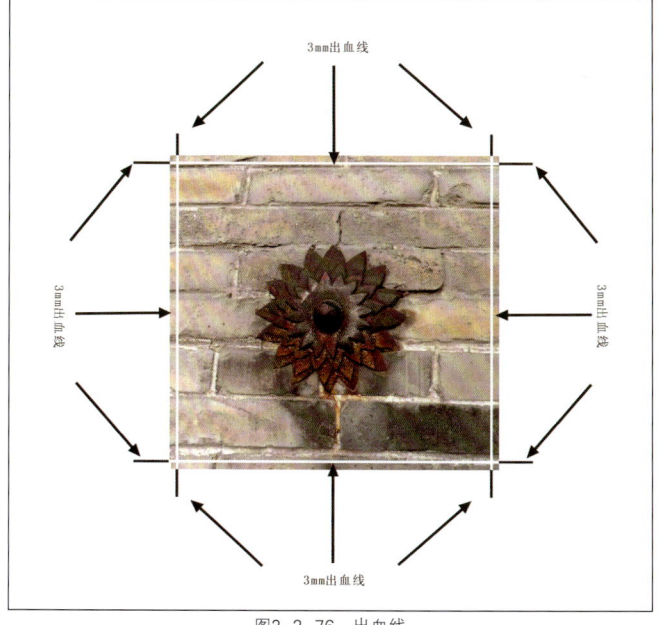

图2-2-76 出血线

第二章 书籍设计的流程与方法

出白边或裁到内容（图2-2-77）。

优秀的整体设计是设计者配合作者、文字编辑领会原著的思想、艺术风格、民族特色、时代精神及读者的情趣等有机地融合起来，处理好文字、图形、色彩、材料四个要素，并用整体的设计形式、设计手法以及设计语言形象生动地展现出来。整体设计是书籍设计的灵魂，只有当书籍设计有一个总的布局构想时，书籍的各构成因素才能和谐统一，共存于书籍这个统一体中。

设计方案要从全书的整体出发，使每个局部既独具个性、富于变化，又和谐统一，给人以节奏感与韵律感，要统揽全局，在形式构成、图形设计、色彩设计上处理好精简、大小、疏密、虚实以及间隔等关系（图2-2-78）。

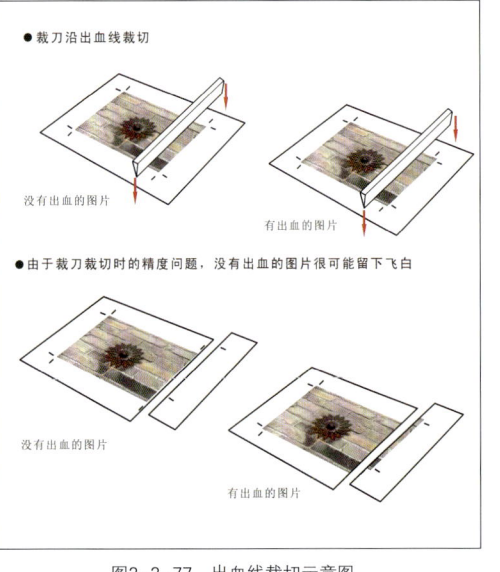

图2-2-77 出血线裁切示意图

图2-2-78 字体、色彩、版式成为统揽全局设计中必不可少的元素

059•

书籍设计 BOOK DESIGN

第三节 常见书籍的种类及设计方法

书籍设计的造型空间有限，不可能面面俱到，因此所能反映和表现出来的只可能是内容的某一点或某一角度，但必须是内容最具典型性和最具代表意义的。

如何寻找最佳的点和角度来传达书籍内容，成为设计的重点。首先在熟悉和把握书稿内容和主题思想的基础上，对内容进行提炼和取舍，并要对书稿内容有深入地了解和感受，充分地理解，才能运用视觉语言准确地传达书籍的主题内容，当然并不是把书的信息内容简单地"翻译"成图形。优秀的设计是对书的内容的提炼，设计者对书的内容理解的独特感受，使设计从感觉上和情感上更接近读者。

设计者根据读者的年龄、职业、不同国家和不同民族读者群的文化程度、喜好、风俗习惯以及宗教信仰等方面的差异设计书籍。所以创作之前应清楚本书的读者对象是哪些人群，要符合读者的审美需求与心理需求。生活中常见书籍的形式可以分为科普类书籍、文艺类书籍、生活类书籍、少儿类书籍、画册类书籍、教材类书籍、工具类书籍等。

3.1 科普类书籍的设计

科普类书籍是指传播科学知识、科学方法、科学思想和科学精神等科学普及类读物。根据自然、社会和思维的知识体系，大致分为自然科学和社会科学两大类。自然科学除了人们熟知的数学、物理和化学之外，还包括地理、天文、医学、动物、植物等综合性学科和许多边缘学科。社会科学包括历史、经济、心理、社会伦理、公共关系等诸多门类。

3.1.1 科普类书籍的特点

① 科普类书籍以科学、规范、严谨的固有特性为原则，真实客观地反映主题内容。内容真实、成熟、准确，阐述清晰。

② 由于科普类书籍的学科不同，内容往往大相径庭，它们往往分别针对某一学科领域或某一科学现象，主题思想高度集中。

③ 科普类书籍架构清晰，逻辑性强，情节缜密，易学易懂，上手简单，说理通俗易懂。

④ 科普类书籍内容丰富、科学、实用，能为大多数读者接受，有相对宽广的读者群。

•060

3.1.2 科普类书籍设计的实践技巧

（1）突出科普特征

科普类书籍在设计时应区别于一般的书籍，突出科学感、现代感、未来感。设计中可以通过调动各种手法传达书籍的内容和风格，色彩、纸张、材料都能传达神奇的效果，通过运用特种纸张和多种工艺，使印刷后的封面呈现出微妙的视觉效果（图2-3-1）。

（2）强化色彩语言

科普类书籍可以通过色彩来强调神秘感，以便突出主题并渲染科学本质特征，这样有助于视感认同的有效渗透（图2-3-2）。通过对色彩的渐变和虚化处理，营造出虚幻的视觉感来强调科技内涵。

（3）注重形象感受

科普类书籍一般采用庄重大方、规律严谨、简洁明朗的造型，注重抽象、概括与提炼的视觉形象，使读者能够领会到其中的含义，得到精神享受（图2-3-3、图2-3-4）。科普类书籍以概念形态来反映书的主题，以抽象的形态来营造图书的空间形态，产生神秘的视觉效果。

3.2 文艺类书籍的设计

文艺类书籍是指文学与艺术书籍，是以研究和评论文化与艺术作品、宣传和传播文化与艺术思想等为主题内容的书籍。文学艺术作品的体裁和内容十分宽泛，包括小说、诗歌、寓言、童话、报告文学、音乐、美术、戏剧、舞蹈、评论等。

图2-3-1 运用图片突出视觉效果，体现科普类书籍的特征

图2-3-2 沉稳的红色来体现考古图记的庄重、严谨

图2-3-3 运用具象图形渲染整体书籍主题

图2-3-4 直接的文字设计形成简洁明朗的阅读氛围

3.2.1 文艺类书籍的特点

① 文艺类书籍是由语言文字组构而成的，以不同的形式（严肃文学、通俗文学、大众文学等）表现内心世界或再现一定时期、一定地域的社会生活。

② 艺术类书籍强调形式多姿多彩，独具匠心，以期达到至高的艺术境界。艺术类书籍既有对客观世界的认识和反映，也有对主体性的情感及理想和价值观的表现。文艺类书籍的共性特征是富于想象力和具有较强的情感性。

3.2.2 文艺类书籍设计的实践技巧

文艺类书籍的装帧不能仅仅是浅显的文字或图解，要对内容有透彻的体验，对内涵有真正的理解，从而能更恰当、更准确地运用视觉语言进行表现（图2-3-5）。

文艺类书籍的色彩要求具有丰富的内涵，要有深度，切忌轻浮、媚俗。文艺类书籍的色彩除简洁典雅之外，还在于装帧与内容的完美结合。能让读者通过色彩感受到图书内容的风格（图2-3-6至图2-3-8）。

图2-3-5　采用精装书的制作方法，印制精美，展示出该书的艺术性

图2-3-6　文字的编排和书面的凹凸效果以及与图片色彩的相互结合，体现出书籍装帧的想象性和艺术性

图2-3-7　文字与配合渲染气氛的底图赋予书籍艺术表现力

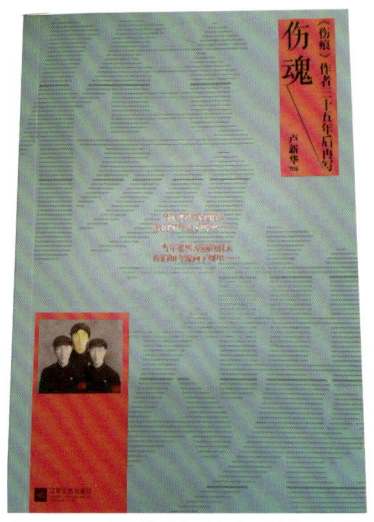

图2-3-8　暗色的《伤魂》底图渲染了书籍内容的整体气氛

文艺类书籍的设计一般要求新颖、大方、美观，能够显示书籍的特点。运用书法、印章、云纹等传统元素，结合时尚的表现手法，体现书籍的意境和时代特征。另外，可以加上能表达主题思想的图案或图画，内文可视需要附以插图（图2-3-9）。

3.3 生活类书籍的设计

生活类书籍是指反映人们生活百科的通俗读物，是以宣传大众文化、传播生活经验、提供日常休闲等为主题内容的书籍。

3.3.1 生活类书籍的特点

生活类书籍以大众化生活为主体，面向大众读者，贴近、服务、介入和引导大众生活，融服务性、实用性、知识性和趣味性为一体。内容往往浅近明白，表述上也流畅易懂，往往采用人民大众所喜闻乐见的形式。

3.3.2 生活类书籍设计的实践技巧

从设计技巧上看，封面的设计尤为重要，可选择简单明了的造型元素。从生活角度出发，要具有较强的亲和力，形式宜活泼多样，既通俗易懂、浅显明白，又要符合民众的审美趣味，且从主题到装帧都要传递一种文化知识（图2-3-10、图2-3-11）。

图2-3-9　简约的图像与文字结构成为别具匠心的设计

图2-3-10　速写的设计形成版面的重点

图2-3-11　简单抽象地体现书籍装帧与艺术的结合

从色彩情感的表达上，以简练、概括、含蓄、夸张的装饰性色彩为主调。它既不是自然的再现，也不是一味的涂抹，而是通过色彩的个性变化，创造出富有魅力的结构形态，给读者以视觉上的层次美感（图2-3-12至图2-3-15）。

在实践制作过程中，选材方面要尽量选用较好的纸质，选择覆膜、UV等对书籍起到一定保护作用的印刷后期工艺，这样既美观又能延长使用寿命。

3.4 少儿类书籍的设计

少儿类书籍是指以少年儿童为读者对象的书籍，包括思想品德教育书籍、文化书籍及各种知识普及书籍等。此类书籍只有考虑到少年儿童的年龄特征、心理特点、知识接受能力等，才能受到小读者的欢迎。少儿读物传授的各种科学知识必须是准确无误的，使他们能够健康成长。

3.4.1 少儿类书籍的特点

少儿类书籍融知识性、趣味性、审美性于一体，在给少儿传授

图2-3-12　写实类图片形象地展示了书籍的具体内容

图2-3-13　直接的图片与文字的结合共同表达内容主旨

图2-3-14　活泼可爱的图片造型符合了主题内容

图2-3-15　图片的颜色搭配富于时尚艺术之感

知识、启蒙教育、培养智慧的同时，更多的是一种艺术和审美教育的手段。

3.4.2 少儿类书籍设计的实践技巧

① 少儿读物注重活泼多变，讲究图文并茂。由于儿童的生理和心理尚处在发育阶段，因此文字相对要大些，字行要疏，插图应生动，色彩应鲜艳，充满童趣（图2-3-16至图2-3-19）。

图2-3-16　颜色鲜艳，图片可爱，图片与文字搭配明显，体现少儿图书活泼的特点

图2-3-17　文字与图片相结合，使装帧更加富于生动

图2-3-18　具象图形的设计符合内容的传递

图2-3-19　实际的物体卡通化，能生动地传授知识

② 少年儿童对具体的形象更容易理解，因此，在设计上以追求天真、活泼、写实手法与漫画卡通并存的形式构成版面，产生新鲜感，更易于被他们接受（图2-3-20、图2-3-21）。

③ 一般来说，设计少儿读物的色彩，要针对幼儿娇嫩、单纯、天真、可爱的特点，通过高纯度色彩对比产生强烈的视觉效果（图2-3-22、图2-3-23）。

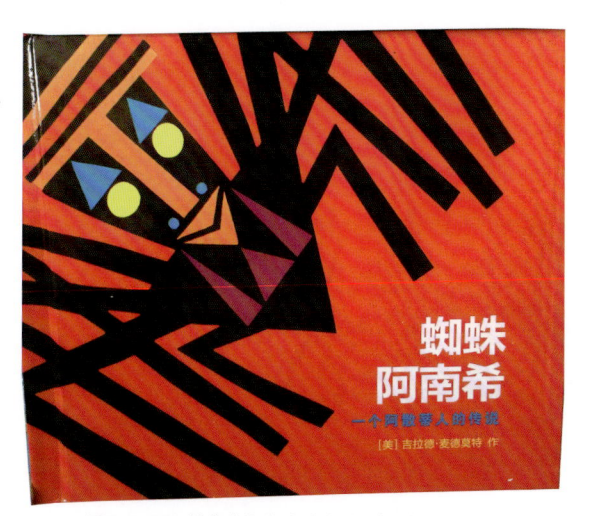

图2-3-20　抽象的蜘蛛造型赋予阅读书籍的神秘感

图2-3-21　异形书籍设计能促进儿童的阅读兴趣

图2-3-22　异形开本的设计符合书籍的内容

图2-3-23　图形的设计渲染展示了故事情节

3.5 画册类书籍的设计

画册类书籍不同于一般意义上的书籍，是指以图画为主要内容和形式，可适当穿插文字的书籍。

3.5.1 画册类书籍的特点

① 画册类书籍与文字类书籍相比，它更直观、生动，可以很容易地把文字无法表达的信息表达出来，易于浏览者理解和接受。

② 画册类书籍具有思想的意象性。由于作者本身带有主观倾向，所以在画册中不可避免带有作者的意识、情绪和意向，因而塑造的形象并不是现实生活中的天然本色，而是带有意象性。

3.5.2 画册类书籍设计的实践技巧

① 主题鲜明突出，有助于吸引读者对版面的注意，增强对内容的理解。要使版面获得良好的诱导力，鲜明地突出主题，可以通过对版面的空间层次、主从关系、视觉秩序及彼此间的逻辑性的把握与运用来达到（图2-3-24、图2-3-25）。

② 形式与内容统一。只讲完美的表现形式而脱离内容，只求内容而没有内容的表现，都会失去画册类书籍的意义（图2-3-26）。

③ 强化整体布局，即将版面各种编排要素（图与图、图与文字）在编排结构及色彩上做整体设计（图2-3-27、图2-3-28）。

图2-3-24 简洁的画册设计直观地展示书籍的重点

图2-3-25 简约的设计感使主题更加鲜明突出

图2-3-26 内页排版简洁大方，与封面风格一致

图2-3-27 内页的图片搭配突出了画册的设计生动感

图2-3-28 抽象概括的图形设计烘托了封面的主题

图2-3-29 封面设计简单明了，概括性强

图2-3-30 直接表明书籍内容

3.6 教材类书籍的设计

教材类书籍是指通过收集、整理国内外已有的学科成果，按照教学规律加以总结从而使之系统化而形成的教学资料。

3.6.1 教材类书籍设计的特点

① 总结和反映编著者长期积累的丰富经验，教学适应性强，为多所学校选用，教学效果显著，在人才的培养上发挥重要作用。

② 在内容和体系上有新的突破，经过教学实践证明有明显效果。

3.6.2 教材类书籍设计的技巧

① 教材类书籍设计，强调突出科学感、现代感、未来感。设计风格一般表现为庄重大方、规律严谨、简洁明朗，并注重抽象的概括与提炼（图2-3-29、图2-3-30）。

② 严肃、朴素，可以适当地装饰，但必须与内容精神协调一致，而且不可过繁。通过对主题文字的变化使主题更加醒目。内页以简洁的几何形进行装饰，严肃中体现出活泼，朴素中呈现出高雅，中规中矩的形式体现出厚重感（图2-3-31至图2-3-33）。

图2-3-31 适当的装饰使朴素中呈现古典的高雅

图2-3-32 图片与文字相结合，内容的要点都有序地体现在封面上，便于读者阅读理解内容

图2-3-33 取景框式的设计，体现了动画的立体感

3.7 工具类书籍的设计

工具类书籍包括手册、图谱、辞书等，是帮助读者解答问题和查找资料的书籍。

3.7.1 工具类书籍的特点

工具类书籍具有集知识性、技术性、信息性于一体的特色。具有针对性和实用性强、权威性高、前瞻性好、使用广泛等特性。具有全（覆盖面大、品种全），准（技术内容及信息可靠），精（精选品种、文字简洁明确），新（结合现状，反映当代前沿）的特点。

3.7.2 工具类书籍的实践技巧

由于这类书籍需要经常翻阅，故多用精装，在材料选择时应考虑它的使用寿命。为了降低成本，不少书籍是采用纸面布脊装订的。色彩方面，用耐污的较深色调为宜。构图需简洁大方，切忌琐碎零乱（图2-3-34至图2-3-39）。

图2-3-34　文字采用烫金的装帧效果，适合长期使用，保存时间长久

图2-3-35　颜色的选择适合标题的严谨，版式简单大方，文字采用烫银手法

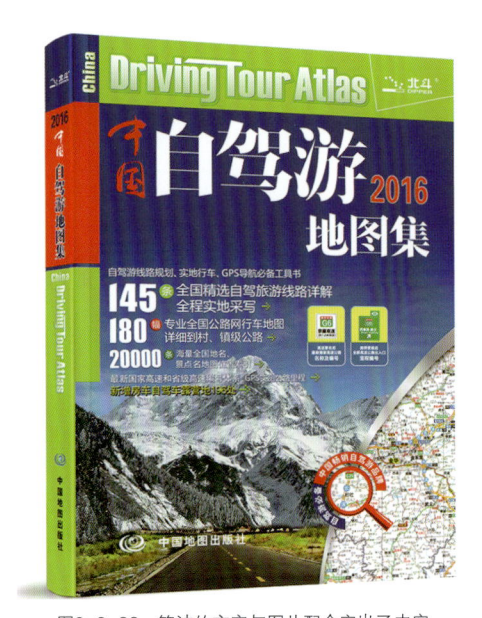

图2-3-36　简洁的文字与图片配合突出了内容

书籍设计 BOOK DESIGN

图2-3-37 文字主次分明、繁而不乱

图2-3-38 文字的意思含蓄地在封面上体现出来，颜色的搭配也符合文字叙述

图2-3-39 生活中常见的工具类书籍

思考与练习

1. 书籍设计的基本流程是什么？

2. 书籍设计过程中，如何确定书籍的开本？

3. 如何有效地组织书籍内页的文字和插图两种基本要素？要遵循哪些形式美法则？

4. 常见书籍分类形式有哪些？并选择其中两项进行实例设计练习。

070

第三章　书籍的材料与工艺

第一节　书籍的材料

现代书籍设计的美，在很大程度上来源于多元化材料在装帧印刷上的应用。用于书籍设计的材料不仅有纸材，还有塑料、金属、木材、织物、皮革等。各种材料的质感、色彩、肌理能表现不同的个性和特点，材质之美的本质是一种亲近之美，是与我们周边生活朝夕相处的亲近感，由纸张装订而成的书籍既有纯艺术的鉴赏之美，更具有阅读使用过程中享受到的视、触、听、嗅、味，五感交融之美。

1.1 纸张

书籍的设计制作涉及较为广泛，其中材料的选择非常重要。为了赋予书籍一个恰当的形式，经常会在纸张的选择、封面材料的选择上下功夫。选择恰当的材料，时常会起到画龙点睛的效果，为书籍设计添光增色。

书籍最基本的材料就是纸张。在进行书籍设计时，纸张不同的质地、色泽、纹样、厚度都会传达出不一样的感受。纸张的柔软或坚挺、光滑或粗涩、轻薄或厚重，都会在读者触摸书籍的刹那给人以不同的心理影响。如今市面上纸张的种类、尺寸、厚度等规格种类繁杂，弄清纸张的类型及其作用对认识纸张的性能和印刷适用性非常重要。设计者要根据书籍设计风格和印刷工艺特点去选用不同的纸张。

1.1.1 常用纸张

（1）铜版纸

铜版纸是涂料纸的一种，是在纸面上涂有一层白色浆料，再经过压光制成的一种高档纸张。纸的表明平整光滑，白度较高，印刷时候能够得到较为细致的光洁网点，可以较好地再现原稿的层次感。铜版纸是高质量印刷品的首选纸张之一，也是目前彩色印刷品中最常用的印刷用纸，主要用于艺术图片、画册、商业宣传单、封面、明信片以及彩色商标等的印刷（图3-1-1）。

书籍设计 BOOK DESIGN

图3-1-1 铜版纸书籍

图3-1-2 珠光纸

图3-1-3 压纹纸

（2）胶版印刷纸

胶版纸是用于胶版（平版）印刷的一种纸张，分单面胶版和双面胶版两种。单面胶版纸主要用于印制宣传画单、包装盒等；双面胶版纸主要用于印制画册、图片等。

（3）新闻纸

新闻纸也叫白报纸，是报刊的主要用纸。新闻纸，纸质松软、有较好的弹性，吸墨性能好，色泽微黄或淡灰，适宜高速印刷。

（4）白板纸

白板纸是一种纤维组织较为均匀、面层具有填充和塑料成分且表面涂有一层涂料，经多辊压光制造出来的一种纸张。白度高，颜色再现效果好，具有较为均匀的吸墨性，有较好的耐折性，主要用于商品包装盒、商品表衬、画片挂图等的印刷。

（5）合成纸

合成纸是用化学原料（如烯类）加上一些添加剂制作而成。质地柔软、抗拉力强、防水性高、耐光耐冷热、抗化学物质的腐蚀又无环境污染、透气性好，广泛用于高级艺术品、地图、画册、高档书刊等的印刷。

（6）特种纸

特种纸是相对于普通纸而言的。特种纸不仅包含了高级花式纸，还包括了一些高级包装与装帧材料。按用途及性质可以分为几大类：用于封面及内文等广告出版用纸（含各类花式纸）、信笺信封等公文用纸、描图纸（即半透明艺术纸，如牛津细纱、霓裳描彩）、包装系列用纸、装帧材料（如雅莲纸、涂塑纸、高级装帧布等）、轻型胶版纸、环保纸、原浆及染色压纹纸。这些纸张大多具有丰富的色彩、不同的肌理和独特的质感（图3-1-2、图3-1-3）。

1.1.2 纸张的质感

不同装帧材料所带来的质感是物体的"肌肤"。质感既不指形态也不指色彩，它是需要特殊感觉的造型因素。物体表面的粗糙感或光滑感均属于质感，必须通过视觉、触觉来感知。质感可为两大类：一是可用于触摸的触觉质感；另一类是可通过视觉感受的视觉质感。

（1）触觉质感

触觉质感是最直接的，只要通过触摸就感觉出来，但被拍成照片后，由于丢失了细节，便失去了触摸认知质感的直接性。

现代书籍设计中，纸张等包装材料为了让人感知到其表面的触觉乐趣，常使用种类繁多、质感不同的特种纸材料，令人目不暇接。胶版纸、铜版纸及其他种类的纸等表面存在着触摸质感差异，因而其艺术表现力也是各不相同的（图3-1-4、图3-1-5）。

（2）视觉质感

即使没有碰触到物体，我们也可以通过视觉感受到它们的肌质特点，相同颜色的不同肌质给人感觉不同。通过视觉，如摄影图片或绘画手法唤醒视觉质感。借助高质量的影像技术，可以把自然生活中存在的各种质感和肌理，如条纹、花色底纹等，用图像的形式表现在二维平面上，这也是今天许多书籍设计运用的手法（图3-1-6）。

图3-1-4　增强触觉效果，使读者更直接感受到其质感

图3-1-5　压纹模造纸凹凸不平的肌理增强了书籍的触感

图3-1-6　封面采用压纹特种纸增强了书籍的质感

1.2 特殊材料

随着材料工业的进步，书籍装帧材料也随之出现了多元化趋势，极大地扩展了出版物材料的选择范围。玻璃、牛皮、金属、塑料、丝绸等各种材料都被运用在当代书籍装帧中。理论上任何材料都可以作为印刷承印物，但需要注意的是，每种承印物的物理性质千差万别，因此，设计师在选择印刷承印物时应谨慎挑选。可以作为书籍封

面的材料很丰富，特别是精装书籍的封面、封套等。选择适合表现书籍设计意图和书籍精神的材质，应记住这样一个原则，合适的就是最好的。这些常见的特殊承印物大致有以下几种。

（1）纤维类

这类承印物包括绵、绢、丝绒、麻等，特点是表面纹理丰富、朴实自然。其中棉布和绢比较适合做传统书籍的封套匣、封面，艺术性较强的书籍可以用粗亚麻布做封面或内页（图3-1-7、图3-1-8）。

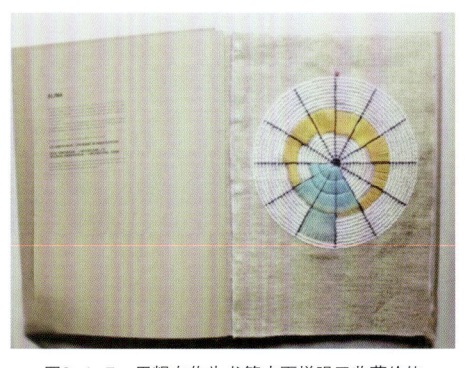

图3-1-7　用粗布作为书籍内页增强了收藏价值

图3-1-8　用毛毡材质能够给读者朴实自然的心理感受

（2）复合材料

复合材料常见的有仿皮革、仿自然纹理、仿木料等。这些材料有韧性，可塑性强，表面纹理逼真、手感好，常用来做精装书籍的封面，强调古朴的特点（图3-1-9、图3-1-10）。

图3-1-9　用具有木质纹理的材料做书籍封面能够给读者清新自然的感受

图3-1-10　仿制木材质感的材料和形式给人一种古朴的感觉

（3）塑料或有机材料

这是前些年常用的一种方式，多见于精装书籍，即在封面外套一个塑料套或有机玻璃套，文字一般采用电化铝的方式做成金色或银色。现在，塑料材料的运用已不局限在封套，形式更加多样（图3-1-11、图3-1-12）。

1.3 常用材质的特性

书籍设计艺术和材质之间有种种联系，两者为相互依存的关系，材质特性对人们的心理有直接的影响。

1.3.1 材质的情感联想性

将特殊的材质运用到书籍设计中，会使书籍或多或少地带上情感倾向。如毛皮的柔软、温暖带有女性气息；布给人以朴实、温馨、怀旧、亲和的感觉；木头给人以中性、古朴、沉稳的感觉。很好地理解材质、利用材质，往往能为设计锦上添花。

运用材质进行书籍设计是为了表达一定的创意，塑造一定的角色形象。材质的相互配合也会产生对比、和谐、运动、统一等意义。一本好的书籍有时也需要好的材质来渲染，以引导人去想象和体会（图3-1-13、图3-1-14）。

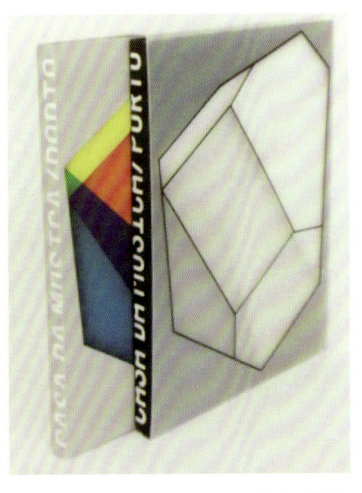

图3-1-11 选用半透明状的塑料壳能够给书籍起到装饰和保护作用

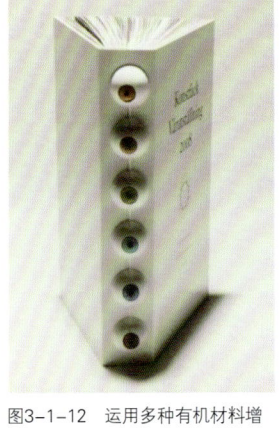

图3-1-12 运用多种有机材料增强书籍的形式设计感

图3-1-13 使用金属材质制作标题给人现代时尚气息

图3-1-14 选用布艺的颜色和材料增强书籍的古典元素

图3-1-15　在光学效应下，提高了封面的光泽度，使封面的材质特性、肌理更加明显

图3-1-16　借用光感突出了材质的特性

1.3.2 材质的光学效应

材质的视觉设计是以光的存在为前提的。人们对材料的认识大都依靠不同角度的光线。每一种材质的物理性质不同，光学效应也是不同的。光是造就各种材质美的先决条件。光不仅使材质呈现出不同的光泽度，而且由于材料本身所具有的特性，也使肌理表现得更加明显。设计师可以巧妙借用材质不同的光效应，进行材质的选择和多元化设计（图3-1-15、图3-1-16）。

1.3.3 材质质感在印刷设计中的应用

在最近的绘画、印刷设计中质感越来越受到重视，质感的制作及质感本身被设计成作品的例子是屡见不鲜的。在粗糙质感的纸面上印刷出来的效果能进一步加强质感，即使在具有微细凹凸效果的马美丝利普纸上印出来的小图案，也具有很好的视觉质感效果。在印刷设计中，使用粗糙而纹理光亮的纸张是一种很重要的质感设计。

一个愉悦的阅读过程，是随着书页的翻动和时间的变换推移的。真实可触的亲近感也是传统书籍不可被电子读物替代的重要原因。

人对材料的感知来源于纹路、温度、湿度、软硬程度、震动等，这些形成了人们对材质多元化的认知。从生理上分析，人类皮肤对外界的刺激相当敏感，像皮肤毛发移动这样细微的压力、温和位移变化等，都会使人们感受到外界信息的存在，这一特点自然要求设计师在考虑书籍外观的同时更应考虑到人在触摸书籍时的特殊感觉。图书内容的准确定位，除了确立所要传达的感觉印象之外，还要把握好内容与材料质地之间的分寸感，选择恰如其分的艺术表现手法，彰显触觉之美（图3-1-17、图3-1-18）。

第三章 书籍的材料与工艺

图3-1-17 封面使用具有硬度的塑料材质，使读者在阅读书籍时，能够真实地感受书籍的朦胧感

图3-1-18 材料与色彩的综合表现，凸显视觉美感

第二节 书籍的印刷和装订

2.1 印刷的种类

自印刷术发明以来，它便与书籍紧密联系在一起。虽然，随着科学技术的高速发展，书籍的形式不再局限于纸书的形式，但就目前来说，纸书还是书籍的主要形式，而纸书的表达方式则主要是通过印刷来实现的。因此，作为书籍设计者，除了要具有现代审美观念外，还需要对印刷的工艺特点、工艺流程等了解并掌握。将书籍设计与印刷工艺有机结合起来，才能创造出更精致美观的书籍。

印刷是将图文信息转移、复制到承印物上的技术，其结果一般称为印刷品。依据成像技术的不同，现代印刷大致分为传统印刷和数字印刷两大类。

2.1.1 传统印刷

传统印刷是一种通过印刷模版进行大量复制的印刷技术。根据印刷模版的不同，传统印刷分为凸版印刷、平版印刷、凹版印刷和孔版印刷四大类型，但在现代书籍印刷中大量采用平版印刷和孔版印刷。

（1）凸版印刷

凸版印刷是一项历史悠久的传统印刷方式，又名铅印。它的原理类似于印章和木刻版画，即文字图片部分处在同一水平面上，但高于其他部分。

凸版印刷具有墨汁厚实，印文清晰，色彩层次丰富，油墨表现力强等优点。

但由于油墨深浅不容易控制，不适合承印数量较大的印刷品，而且色彩印刷成本高（图3-2-1、图3-2-2）。

077

图3-2-1 中国采用凸版印刷工艺的第一套邮票

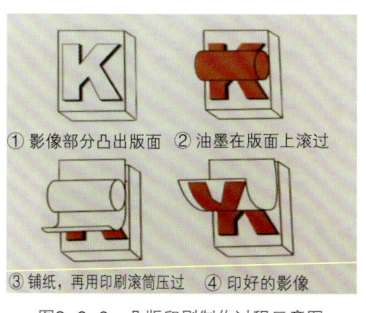

① 影像部分凸出版面　② 油墨在版面上滚过
③ 铺纸，再用印刷滚筒压过　④ 印好的影像

图3-2-2 凸版印刷制作过程示意图

（2）凹版印刷

凹版印刷的原理与凸版印刷正好相反，凹版印刷中需要印刷的部分低于空白部分，印刷时全版着墨，然后刮拭版面，使凹进的印刷部分留着油墨，最后转印到纸张上。但由于印刷制版的费用较高，以往都用来印刷钞票和有价证券，现在一般用于高档书籍的印刷。由于制版印刷价格高，工艺复杂，所以不适合价值小的印品（图3-2-3）。

（3）平版印刷

平版印刷也称为胶版印刷，是由早期的石版印刷发展而来的。平版印刷中的图案文字部分与无图案文字部分没有明显的凹凸区别，且都在一个平面上，印版的材料多为多层金属版。印刷时利用水与油不相融的原理，文字图形部分接受油墨排斥水分，空白部分接受水分排斥油墨，印版上的图文先印到橡胶滚筒上，然后再转印到承印物上。

平版印刷是一种适合大批量高速作业的印刷方式，而且在批量印刷中，印刷品的质量不会由于持续高速的作业强度而降低。平版印刷属于间接印刷，常用于书籍、杂志、海报、地图、包装等的印刷（图3-2-4）。

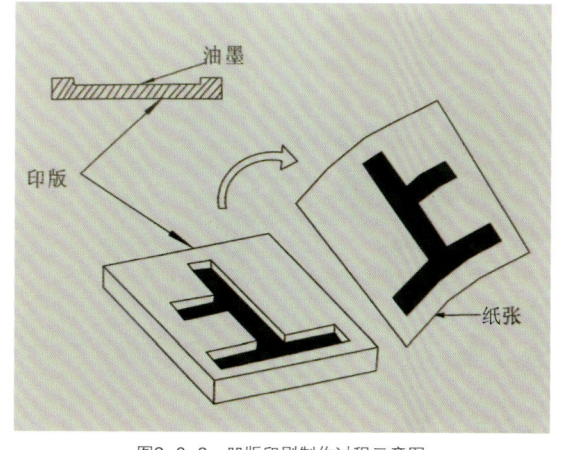

图3-2-3 凹版印刷制作过程示意图

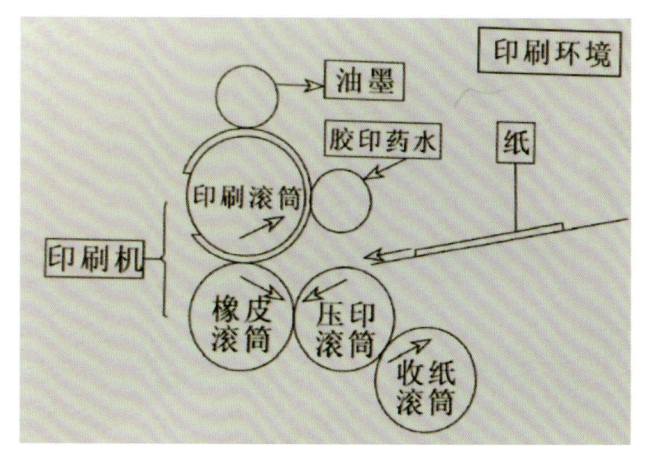

图3-2-4 平版印刷过程示意图

（4）孔版印刷

孔版印刷是一种通过图文部分为镂空的印版进行大量复制的传统印刷技术。其基本原理与日常生活中的墙面小广告的喷绘（利用镂空的纸板和罐装喷漆，在墙面上喷绘图样）相似。孔版印刷的图文部分呈镂空的孔洞状，便于油墨通过；非图文的空白部分为实心，起阻隔油墨渗透的作用。

目前孔版印刷普遍采用的形式为丝网印刷。丝网印刷的印刷部分是由孔洞组成的，一般采用丝绢、金属及合成材料的丝网、蜡纸等为印版，将需要印刷的部分镂空，再用刮板刮压，使油墨透过镂空部分的丝孔，印在承印物上。现代的丝网印刷发展很快，已完全从手工中解脱出来。印刷幅面可大可小，可以套色印刷，也可以四色印刷。除纸张外，它可以在平面、曲面、厚、薄、粗糙、光滑的多种承印物以及立体形面上印刷，所以经常用于广告横幅、不干胶、名片以及棉、丝织品等的印刷。

丝网印刷并不是一种可以进行批量化印制的印刷方法，因为附在承印物上的油墨必须留有足够的时间来干燥，干燥后才能进行下一种颜色的印制。但是，丝网印刷术是一种更为灵活的印刷技术，因为丝网印刷几乎能够实现在任何承印物上的印制。同时，丝网印刷的油墨选择也更为广泛。如利用树脂油墨可以强化作品的触感，为设计作品增色不少（图3-2-5）。

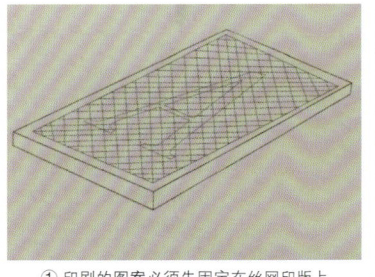 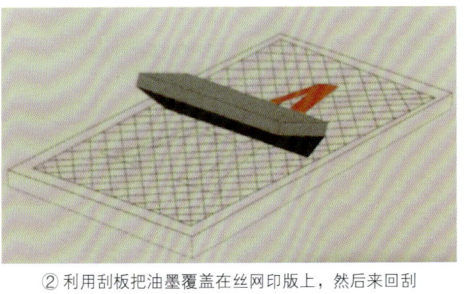 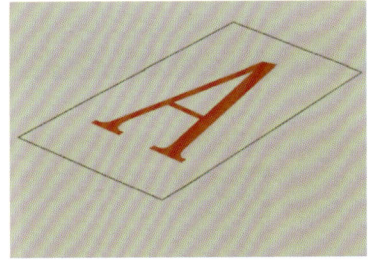

① 印刷的图案必须先固定在丝网印版上　　② 利用刮板把油墨覆盖在丝网印版上，然后来回刮　　③ 将丝网印版移开，图案会呈现在承印物的表面上

图3-2-5　丝网印刷制作过程示意图

2.1.2 数字印刷

数字印刷是利用印前系统将图文信息直接转换成印刷品的一种印刷复制技术。它是一种与传统的印刷概念完全不同的现代化印刷方式。它不需要胶片和印版，无水墨平衡问题，简化了传统印刷工艺中十几道烦琐的工序，省去了操作人员的体力劳动。因此，数字印刷是一种快速、实用、经济、适合于彩色短版的全新印刷工艺。

数字印刷一般由图文合一的印前处理系统和数字式印刷机组成。就印刷工艺过程来说，首先数字化信息经过RIP加网装置处理，成为相应的单色像素数字信号并传至激光控制器；其次，激光控制器发射出相应的单色激光束，对由感光材料制成的印版滚筒进行扫描；最后，感光后的印版滚筒形成可以吸附油墨或墨粉的图文，转印到纸张等承印物上。

目前数字印刷大体上可归为两类：纯数字式彩色印刷机与数字式胶印印刷机。相比传统印刷方式，数字印刷省去了电分、胶片输出、冲片、打样、晒PS版等工序，降低了成本，提高了生产效率，实现了按需印制的目的。

2.2 油墨

油墨是印刷过程中用于形成图文信息的物质，因此油墨在印刷中作用非同小可，它直接决定印刷品上图像的阶调、色彩、清晰度等。在印刷中我们需要了解油墨的分类。随着印刷技术的发展，油墨的品种不断增加，分类的方法也很多（图3-2-6、图3-2-7）。

图3-2-6　印刷油墨

（1）按印刷方式分

根据印刷方式不同，油墨可分为：胶印油墨、丝网印刷油墨、凹印油墨、凸印油墨等。

（2）按用途分

根据用途不同，油墨可分为：书刊印刷油墨、印铁油墨、玻璃印刷油墨、纺织品印刷油墨、塑料印刷油墨等。

（3）按产品特性分

根据产品特性不同，油墨可分为：快固油墨、耐蚀油墨、亮光油墨、荧光油墨、微胶粒油墨、金银色油墨、磁性油墨、安全防伪油墨、导电油墨、香味油墨和光亮油墨等。

（4）按颜色分

根据颜色可分为：四色油墨和专色油墨。

四色油墨：由青色（C）、品红色（M）、黄色（Y）、黑色（K）四色组成。印刷时，不同比例的油墨可再现成千上万种颜色。

专色油墨：除原色以外的其他颜色，印刷时可用专门的颜色来印刷，这一颜色的油墨叫作专色油墨。专色油墨有很多种颜色，如金色、银色、大红色等。专色油墨一般由油墨厂生产，也可由印刷厂根据印刷需要用四色原色油墨调配而成。包装印刷中专色油墨用得最多。

图3-2-7　书籍平版印刷油墨效果

第三章 书籍的材料与工艺

2.3 书籍装订

书籍装订分为古代装和现代装。古代装有卷装、经折装、旋风装、蝴蝶装、线装、包背装等。现代装有平装、精装、活页装、散装、简装、盒装、特装等。古代装在第一章里已经介绍，这里主要介绍现代装的几种类型。

（1）平装

平装是目前普遍采用的一种装订形式，装订方法简易，成本较低，常用于期刊和较薄但印数较大的书籍。平装书籍一般采用以下几种装订方法。

① 骑马订。这是书籍设计中最简单的方法，适用于页数不多的期刊和小册子，订处不占版面，纸张利用率高，但缺点是书页要配成双数才行。另外，铁丝易锈，牢固度差（图3-2-8、图3-2-9）。

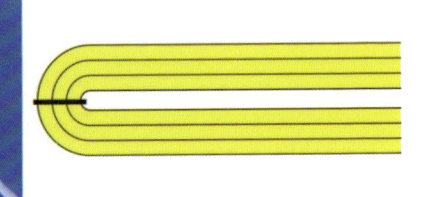

图3-2-8 骑马订

图3-2-9 骑马订示意图

② 平订。平订是在靠近书脊的版面用三眼线订或铁丝订。薄本书籍也可以用缝纫机线订。它的使用方法简便，双数和单数都能订，缺点是书页不能准平，阅读不方便，其次是钉眼要占用5mm左右的版面，降低了纸张利用率。平订不宜于厚书籍，且铁丝易生锈折断，影响美观并导致书页散落（图3-2-10）。

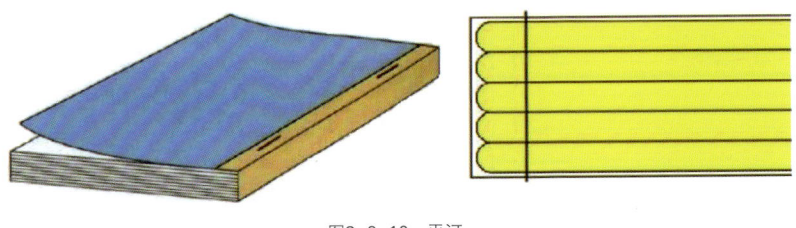

图3-2-10 平订

081•

③ 锁线订。锁线订是将一帖帖的书页用线连锁起来，比较牢固又易于摊平，适用于较厚的书籍，是理想的装订方法，但成本较高（图3-2-11至图3-2-13）。

图3-2-11 锁线订局部示意图

图3-2-12 锁线订内部示意图

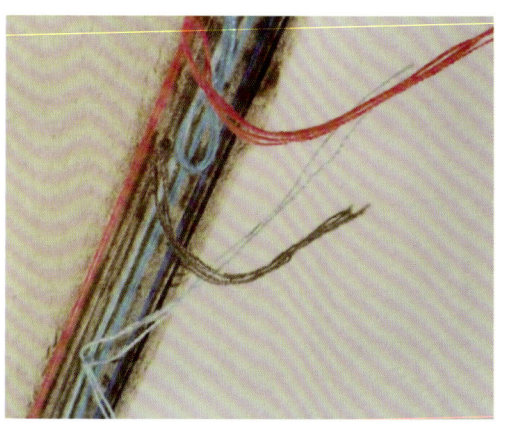
图3-2-13 锁线订书脊局部

④ 无线胶背订。无线胶背订也叫胶背订、胶粘订。由于其平整度很好，目前大量书籍都采用这种装订方式。但由于热熔胶质量没有相应的行业标准或国家标准，使用方法还不规范。故胶粘订书籍的质量尚没有达到令人满意的程度，时间久了胶会老化，进而导致书页散落（图3-2-14至图3-2-16）。

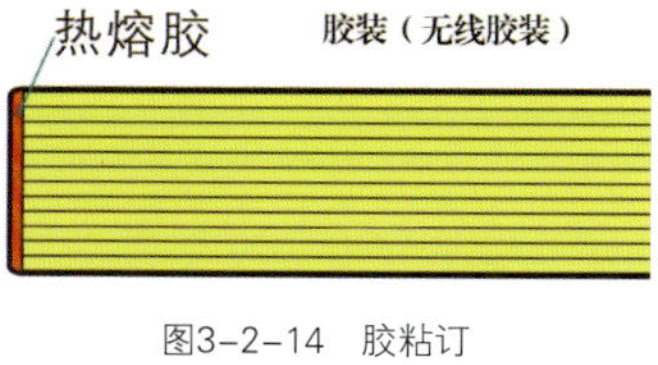

热熔胶 胶装（无线胶装）

图3-2-14 胶粘订

图3-2-15 此书采用胶背订，具有很强的平整度

图3-2-16 胶背订

⑤ 锁线胶背订。锁线胶背订又叫锁线胶粘订，装订时将各个书页先锁线再上胶，上胶时不再铣背。这种装订方法装出的书结实且平整，目前使用这种方法的书籍也比较多（图3-2-17、图3-2-18）。

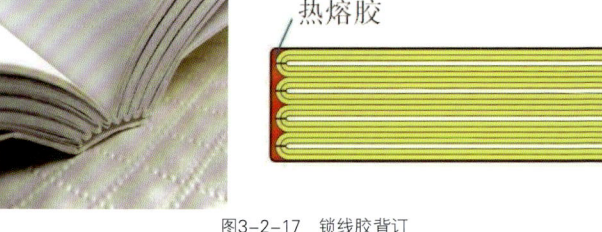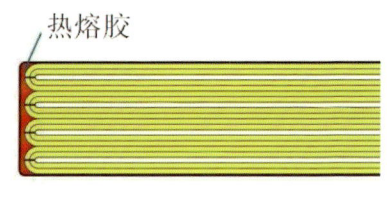

图3-2-17　锁线胶背订

图3-2-18　此装订方式为锁线胶背订，书籍结实且平整

⑥ 塑料线烫订。这是一种比较先进的装订方法，其特点是书心中的书帖经过两次粘接，第一次粘接的作用是将塑料线订脚与书帖纸张粘合，使书帖中的书页得以固定；第二次粘接是通过无线胶粘订将塑料线烫订的书心粘接成书心，这种办法订成的书心非常牢固，并且由于不用铣背打毛，减少了胶质不良对装订质量的影响。

我们常见的杂志多采用骑马订；线装书类、铁丝装类属于平订；锁线胶订常见于大型画册，比较牢固，但装订速度慢；无线胶粘订常用于高档小型画册，过厚的书在多次翻折后易脱胶。

（2）精装

精装书籍在清代已经出现，是西方的舶来品。当时西方的许多书籍多为精装。如《圣经》《法典》等，清光绪二十年，美华书局出版的《新约全书》就是精装书。

精装指书籍的一种精致制作方法。精装书籍主要是在书的封面和书心的脊背、书角上进行各种造型加工。加工的方法和形式多种多样，如书心加工就有圆背（起脊或不起脊）、方背、方角和圆角等；封面加工又分整面、接面、方圆角、烫箔、压烫花纹图案等。

精装书采用硬皮作为封面，印制精美，不易折损，便于长久使用和保存，设计要求特别，选材和工艺技术也较复杂，但价格昂贵（图3-2-19至图3-2-21）。

書籍设计 BOOK DESIGN

图3-2-19　精装书局部

图3-2-20　书籍设计过程中注重形式与工
艺细节的结合

图3-2-21　书籍采用硬皮精装，起到了装
饰和保护书籍的作用

（3）活页装

活页装就是利用金属材料或者塑料将单张散页类印刷品穿连成册的装订方法。它
与传统装订方法的最大不同之处就是活页类印刷品的结构比较松散，装订后的印刷品
有较好的平展性，容易分开，能实现360°翻转（梳型装除外），便于阅读、取用等。
此类装订方法多用于穿订挂历以及一些活页类书本、文件夹、操作手册、相册、集邮
册等。根据装订后的成品形式可以分为螺旋装、夹板装、梳型装、孔订等（图3-2-
22、图3-2-23）。

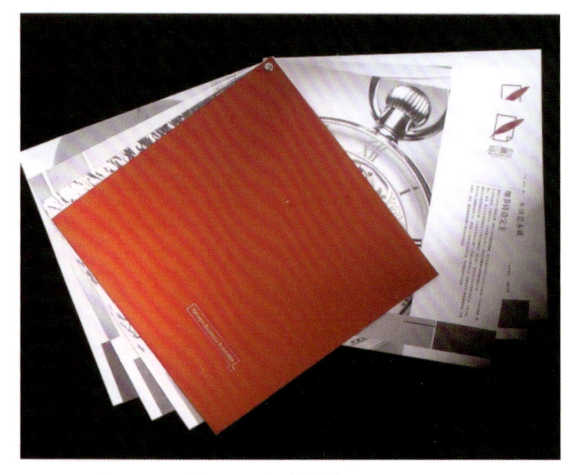

图3-2-22　活页装

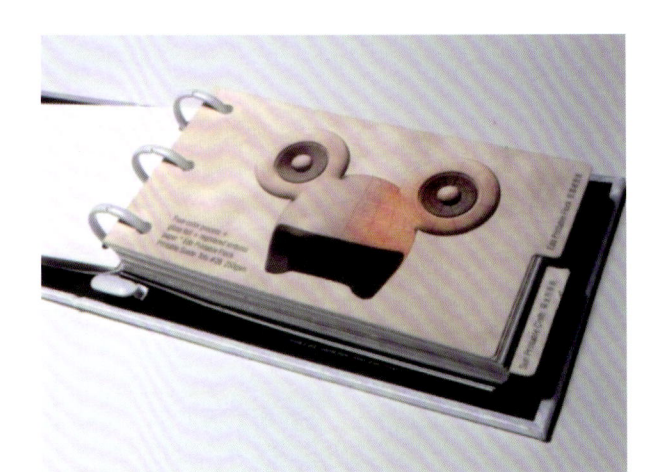

图3-2-23　此书属于螺旋装，利用金属材料将单张散页连成

• 084

第三章 书籍的材料与工艺

（4）线装

过去线装主要用于古籍类图书，现在已被许多其他类书籍的装帧设计所借鉴，如有许多表现中华民族传统文化的图书和期刊在胶粘订的基础上又用线装形式来装饰和点缀，还有一些装帧独特的新概念线装书也是由设计者巧妙的设计加上印后加工精心制作而得的（图3-2-24至图3-2-27）。

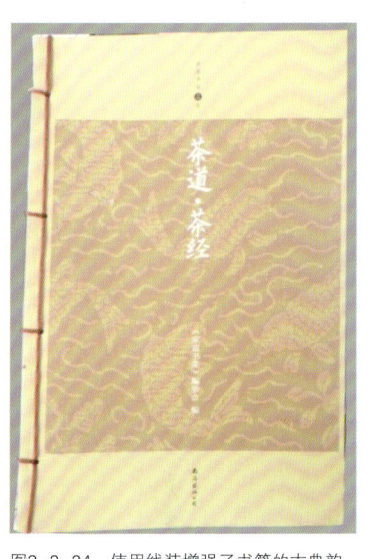

图3-2-24 使用线装增强了书籍的古典韵味，以表现中国茶道的传统文化

图3-2-25 独特的线装装订方式为书籍起到了装饰和点缀的作用

图3-2-26 线装的装订形式配合字体设计能使书籍的典雅感大大提升

图3-2-27 订线过程很巧妙，把书名《书与法》用"线"体现出来

图3-2-28 腰封、勒口的设计完整性能够增强书籍的情感表达

图3-2-29 腰封结合封面设计，补充并提升了书籍的设计感

（5）软精装

书籍在平装样式上吸收精装书封面较硬的特点，并在封面上外包一带勒口护封形成了软精装形态，又称半精装，这种书封面硬度、挺括程度都超过一般平装书（图3-2-28、图3-2-29）。

2.4 平装书的装订工艺流程

平装是书籍常用的一种装订形式，以纸质软封面为特征，分为：撞页裁切→折页→配页→订书→包封面→切书等工艺步骤。

（1）撞页裁切

印刷好的大幅面书页撞齐后，用单面切纸机裁切成符合要求的尺寸。

裁切是在切纸机上进行的。切纸机按其裁刀的长短，分为全张和对开两种；按其自动化程度分为全自动切纸机、半自动切纸机。操作时，要注意安全，裁切的纸张、切口应光滑、整齐、不歪不斜，规格尺寸符合要求。

（2）折页

印刷好的大幅面书页，按照页码顺序和开本的大小，折叠成书贴的过程，叫作折页。

折页的方式，大致分为三种。

① 垂直交叉折页法（图3-2-30）。每折完一折时，必须将书页旋转90°角再折下一折，书帖的折缝互相垂直，这种折页形式，操作方便，折数与页数有一定关系。

② 平行折页法（图3-2-31）。折出的书贴折缝互相平行，适用于折叠较厚纸张的书页，如少儿读物、画册等。

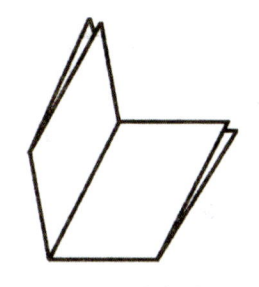

图3-2-30 垂直交叉折

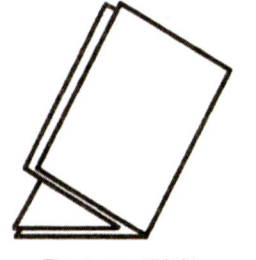

图3-2-31 平行折

③ 混合折页法（图3-2-32）。在同一书帖中的折缝，既有平行，又有垂直的折页方式来混合折页法。

（3）配页

配页也称配帖，是将书帖或多张散印书页按照页码的顺序配集成书的工作过程。

配页又分为配书帖和配书心。把附加页按页码的顺序粘贴或套入某书帖称为配书帖。把整本书的书贴按顺序配集成册的过程叫配书心，也叫排书。有套帖法和配帖法两种（图3-2-33）。

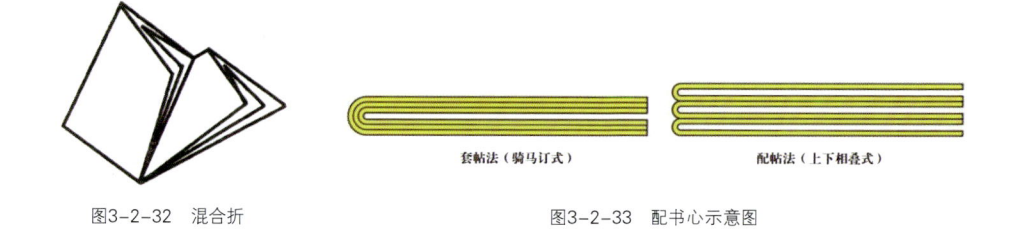

套帖法（骑马订式）　　配帖法（上下相叠式）

图3-2-32　混合折　　　　　图3-2-33　配书心示意图

① 套帖法。将一个书帖按页码顺序套在另一个书帖里面或外面，形成两贴厚而只有一个帖脊的书心。该法适合于帖数较少的期刊、杂志。

② 配帖法。将各个书帖按页码顺序，一帖一帖地叠摞在一起，成为一本书籍的书心，供订本后包封面。该法常用于平装书或精装书。

（4）订书

把书心的各个书帖运用各种方法牢固地连接起来，这一工艺过程叫作订书。常用的方法有骑马订、铁丝平订、锁线胶订、胶粘订四种。

（5）包封面

通过折页、配帖、订合等工序加工成的书心，包上封面后，便成为平装书籍的毛本。

包封面也叫包本或裹皮。手工包封面的过程是：折封面、书脊背刷胶、粘贴封面、包封面、抚平等。现在除畸形开本书外，很少采用手工包封面。

机械包封面，使用的是包封机，有长式包封机和圆式包封机。

机械包封机的工作过程是：将书心背朝下放入存书槽内，随着机器的转动，书心背通过胶水槽的上方，浸在胶水中的圆轮，把胶水涂在书心脊背部、靠近书脊的第一页和最后一页的订口边缘上。涂上胶水的书心，随着机器的转动，来到包封面的部位，最上面一张封面被粘贴在书脊背上，然后集中放入烘背机里加压、烘干，使书背平整。

（6）切书

把经过加压烘干、书背平整的毛本书，用切书机将天头、地脚、切口按照开本规格尺寸裁切整齐，使毛本变成光本，成为可阅读的书籍。

切书一般在三面切书机上进行。三面切书机是裁切各种书籍、杂志的专用机械。三面切书机上有三把钢刀，它们之间的位置可按书籍开本尺寸进行调节。

2.5 精装书的装订工艺流程

精装书的封面、封底一般采用丝织品、漆布、人造革、皮革或纸张等材料，粘贴在硬纸板表面做成书壳。按照封面的加工方式，分为有书脊槽和无书脊槽书壳。书心的书背可加工成硬背、腔背和柔背等，造型美观、坚固耐用。

精装书的装订工艺流程为：书心的制作→书壳的制作→上书壳。

（1）书心的制作

书心制作的前一部分和平装书装订工艺相同，包括裁切、折页、配页、锁线与切书等。在完成上述工作之后，就要进行精装书心特有的加工过程。书心为圆背有脊形式，可在平装书心的基础上，经过压平、刷胶、干燥、裁切、扒圆、起脊、刷胶、粘纱布、再刷胶、粘堵头布、粘书脊纸、干燥等完成精装书心的加工（图3-2-34、图3-2-35）。

图3-2-34 方背平脊

图3-2-35 书籍的扒圆起脊

① 压平。压平是在专用的压书机上进行，使书心结实、平服，提高书籍的装订质量，并且平整、坚实，便于下道工序加工。

② 刷胶。用手工或机械刷胶，使书心达到基本定型，在下道工序加工时不发生相互移动。

③ 裁切。对刷胶基本干燥的书心，进行裁切，成为光本书心。

④ 扒圆。由人工或机械，把书脊背脊部分处理成圆弧形的工艺过程，叫作扒圆。扒圆以后，整本书的书贴能互相错开，便于翻阅，提高了书心的牢固程度。

⑤ 起脊。由人工或机械，把书心用夹板夹紧夹实，在书心正反两面，接近书脊与环衬连线的边缘处，压出一条凹痕，使书脊略向外鼓起的工序，叫作起脊，这样可防止扒圆后的书心回圆变形。

⑥ 书脊的加工。加工的内容包括：刷胶、粘书签带、贴纱布、贴堵头布、贴书脊纸。

A. 贴纱布能够增加书心的连接强度和书心与书壳的连接强度。

B. 堵头布，贴在书心背脊的天头和地脚两端，使书帖之间紧紧相连，不仅增加了书籍装订的牢固性，又使书变得美观。

C. 书脊纸必须贴在书心背脊中间，不能起皱、起泡。

（2）书壳的制作

书壳是精装书的封面。书壳的材料应有一定的强度和耐磨性，并具有装饰的作用。

用一整块面料，将封面、封底和背脊连在一起制成的书壳，叫作整料书壳。封面、封底用同一面料，而背脊用另一块面料制成的书壳，叫作配料书壳。

作书壳时，先按规定尺寸裁切封面材料并刷胶，然后再将前封、后封的纸板压实、定位（称为摆壳），包好边缘和四角，进行压平即完成书壳的制作。由于手工操作效率低，现改用机械制书壳。

（3）上书壳

把书壳和书心连在一起的工艺过程，叫作上书壳，也叫套壳。

上书壳的方法是：先在书心的一面衬页上，涂上胶水，按一定位置放在书壳上，使书心与书壳一面先粘牢固，再按此方法把书心的另一面衬页也平整地粘在书壳上，整个书心与书壳就牢固地连接在一起了。最后用压线起脊机，在书的前后边缘各压出一道凹槽，加压、烘干，使书籍更加平整、定型。如果有护封，则包上护封即可出厂。

书籍设计 BOOK DESIGN

图3-3-1 通过上光和压光的工艺增强了封面图文的立体感

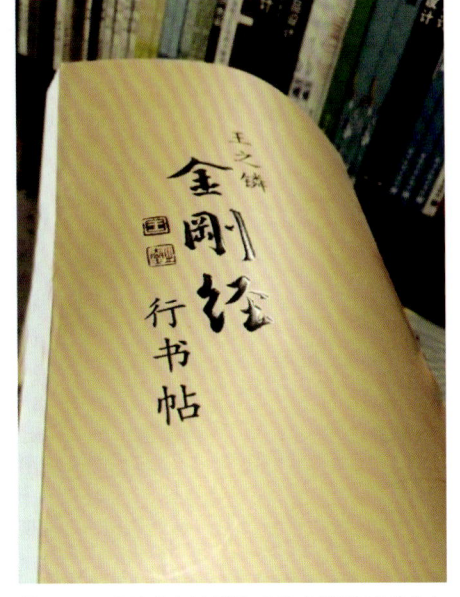

图3-3-2 通过对"金刚经"UV上光增强了字体的立体感

第三节　书籍整饰工艺

在完成印刷之后，在书籍表面进行再加工，其目的其一是为了保护书籍封面。封面经过上光、覆膜等工艺，提高表面的耐光、耐热、耐折、耐磨的性能，延长使用期。其二，增强书籍设计的视觉效果，使其更具光泽，色彩更鲜艳。其三，通过压凹凸、烫金、模切、综合材料应用等工艺，提高档次，增加产品的附加值，使其更具艺术性和收藏价值。

3.1 上光和压光工艺

上光是在印刷品表面涂（或印、喷）上一层无色透明的涂料（上光油），经流平、干燥、压光后，在印刷品表面形成一层薄且均匀的透明光亮层的工艺。上光包括全面上光、局部上光、光泽型上光、哑光（消光）上光和特殊涂料上光等。

压光是指上光工艺在涂上光油和热压两个机组上进行的工艺。先将印刷品在普通上光机上涂上光油，待干燥后再通过压光机的不锈钢带热压，经冷却使印刷品表面形成镜面反射效果。

UV上光油是一种添加固化剂的树脂，采用紫外光固化方式干燥。UV上光油有多种品种，可以产生不同的肌理效果。

UV上光油属于局部上光工艺，它不但能增强图文立体感和肌理效果，印刷时还可以调节厚薄，产生不同的立体感。UV上光需制作专门的印版。UV上光油无色、透明、不变色、光泽高、固化速度快、附着力强，并具有耐磨性、耐化学性、抗紫外线等优点（图3-3-1至图3-3-4）。

第三章 书籍的材料与工艺

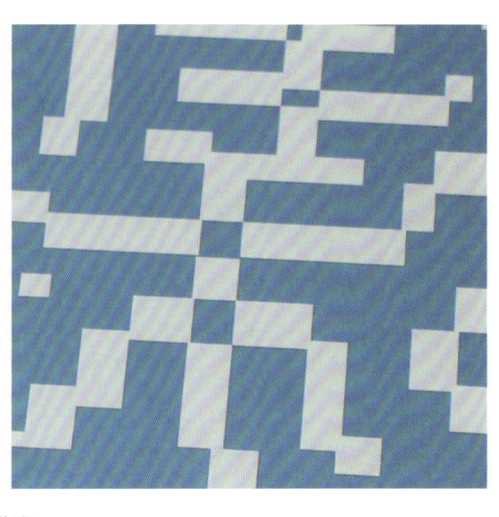

图3-3-3 上光增强了文字的立体感

3.2 覆膜工艺

覆膜工艺是印刷之后的一种表面加工工艺，又被称为印后过塑、印后裱胶或印后贴膜。覆膜根据薄膜材料的不同分为亮光膜、亚光膜两种。高光型薄膜可使书籍封面光彩夺目，富丽堂皇；而亚光封面则显得古朴、典雅。但由于有些薄膜材料不可降解，限制了它的使用。作为保护和装饰印刷品表面的一种工艺方式，覆膜在印后加工中占很大的份额，目前大多数图书都采用这种方式（图3-3-5）。

覆膜可以增加印刷品光亮度，改善耐磨强度，防水、防污、耐光、耐热等性能，提高商品的艺术效果和市场竞争力。

覆膜的工艺流程为：工艺准备→安装塑料薄膜滚筒→涂布黏合剂→烘干→设定工艺参数（烘道温度和热压温度、压力、速度）→试覆膜→抽样检测→正式覆膜→复卷或定型分割。

图3-3-4 上光工艺增强了字体的光泽度

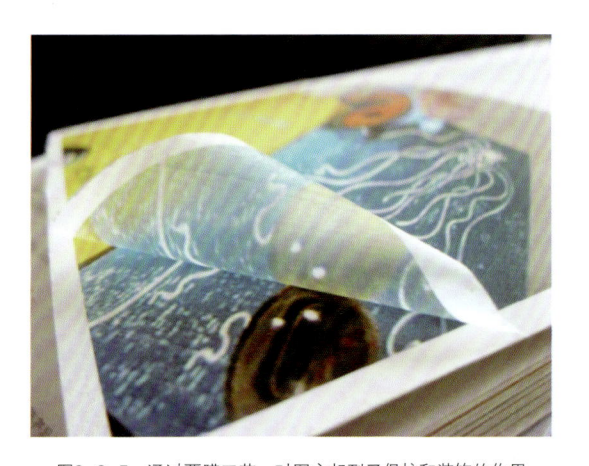

图3-3-5 通过覆膜工艺，对图文起到了保护和装饰的作用

091•

3.3 模切、凹凸压印

模切、凹凸压印是印后加工中的一道特殊的工序，是指根据设计的要求，把印刷品的边缘制作成各种形状，或在印刷品上增加特殊的艺术效果，以实现某种使用功能（图3-3-6至图3-3-10）。

模切就是用模切刀根据产品设计要求的图样组合成模切版，在压力作用下，将印刷品或其他板状坯料轧切成所需形状和切痕的成型工艺。

图3-3-6 对书籍封面压凹凸、压印模切，增强了书籍的特殊的艺术效果

图3-3-7 通过凹凸压印工艺增强了书籍的立体感

图3-3-8 凹凸印压工艺显现出浮雕感

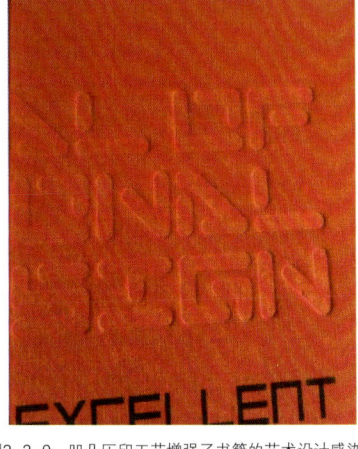

图3-3-9 凹凸压印工艺增强了书籍的艺术设计感染力

图3-3-10 凹凸压印工艺

第三章 书籍的材料与工艺

凹凸压印又称压凸纹印刷，是印刷品表面装饰加工中一种特殊的加工技术。它使用凹凸模具，在一定的压力作用下，使印刷品基材发生塑性变形，从而对印刷品表面进行艺术加工。压印的各种凸状图文和花纹，显示出深浅不同的纹样，具有明显的浮雕感，增强了印刷品的立体感和艺术感染力。

凹凸压印工艺需要制作两块印版，一块为凹版，一块为凸版，并要求两版有很好的配合精度。

3.4 烫金工艺

印刷品的表面金银烫印加工工艺可以大大增加包装产品的附加值，已被广泛地应用于印刷品中（图3-3-11）。烫金可分为圆压圆与平压平烫金。圆压圆烫金方式既适用于大面积烫金，又适用于小面积烫金。平压平烫印只适合烫印小面积图案、线条或文字，烫印速度低。

另外还有一种扫金工艺，就是在印刷品的指定部位附着特种金属粉末，借此实现金光闪闪的仿金效果（图3-3-12、图3-3-13）。

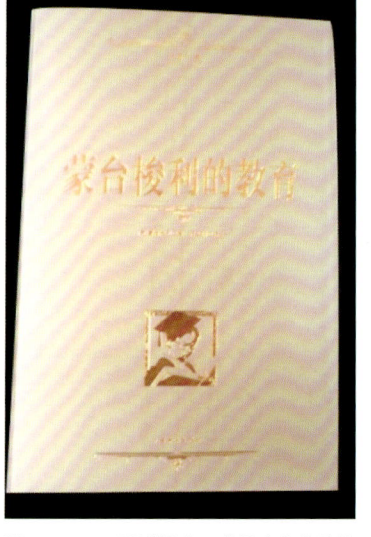

图3-3-11 通过烫金工艺提高书籍的档次，增强了书籍的附加值

图3-3-12 通过对书口位置的扫金工艺增强了书籍的整体设计感

图3-3-13 通过对文字进行扫金工艺，提高了视觉效果

3.5 镂空

镂空作为众多后期工艺之一，伴随着印刷工艺的改良，使许多原本不能实现的方案可以得到完美的实施。新工艺带来的新鲜形式给了设计师们更多表达自己设计理念的空间。以前在进行镂空制作的过程中，我们会发现镂空图案的大小以及形状复杂的程度都会受到工艺的影响，尤其是受到刀片本身的厚度以及柔韧程度的限制。随着激光等技术的引入，使得镂空技术突破了原有的局限性，镂空的形态变得更加丰富。任何复杂形状的镂空都变得非常容易，即使只有几毫米大小的不规则图形都可以被轻易而准确地雕刻出来（图3-3-14至图3-3-16）。

书籍设计师开始不断地在书籍这个有限的六面体上或深或浅地进行各种镂空尝试，雕镂出来的形状也是各不相同、千变万化，或长短或方圆。随着镂空面积、部位、大小的不同，书籍整体所呈现出的状态能使观者从视觉上、触觉上更容易理解设计师所传达出来的意图，同时能促使观者更好地与书籍所传达出来的信息进行良好的沟通。

图3-3-14　设计中的镂空效果增强了书籍的立体感

图3-3-15　设计中的镂空形式增加了童趣，能激发孩子们的购买欲望

图3-3-16　字体的镂空增添了画面的视觉阅读层次

镂空之后的页面会被分割成许多丰富的形状，形状间的大小对比以及疏密关系能形成节奏性的视觉美感；镂空之后产生的空白处与页面上的图文版面之间能形成一种虚实之美；镂空之后带来的"未完整性"改变了原本沉闷的页面，丰富了页面的结构，改变了观者对传统书籍页面的视觉习惯。

书籍镂空的手法主要分为两种，一种是局部镂空，另一种是整体镂空。局部镂空仅限于一个页面，所需要考虑的是镂空的形状、位置、大小的变化；镂空部位与页面本身的图形、文字的形态关系；镂空的部位与周围页面的联系。整体镂空则要注意更多的细节，由于镂空的页面比较多，设计师通常要考虑镂空之后书籍整体的效果（图3-3-17）。

镂空的工艺给书籍装帧设计带来了更多的新空间，新的空间带来了新的想象力。于是改变书籍的"空间"开始被设计师转换为表达自己设计理念的一种渠道。

图3-3-17　封面设计中的镂空效果增添了书籍立体效果并增加了画面层次

思考与练习

1. 简述书籍设计常用材料及应用特性。

2. 常见的印刷分类有哪些？各有哪些特点？

3. 书籍常见装订工艺形式和平装书、精装书的装订工艺流程分别是什么？

4. 举例并说明书籍整饰工艺中镂空工艺的具体表现形式。

第四章　书籍设计作品欣赏

　　美的书籍，简言之是那些读来有趣、受之有益、得到大众喜欢、内容与形式统一，并具审美与功能价值的书籍。体现书籍之美需要了解书籍传播这一载体的特点与本质，并掌握书籍的设计规律。书籍不是静止的装饰之物。读者在翻阅过程中，与书沟通并产生互动，书就成为一个驾驭时空的能动的生命体。读者从中领悟深邃的思想、生命的脉动、智慧的启示、幻想的诱发，体会情感的流露、视觉传达的规则、图像文字的美感，从而享受到阅读的愉悦。书籍设计师在内容传达的同时，完成书籍从整体到细节，从无序到有序，从空间到时间，从抽象到物化，从逻辑思考到幻觉遐想，从书籍形态到传达语境的设计。这是富有诗意的感性创造和具有哲理的秩序控制过程（图4-1-1至图4-1-22）。

图4-1-1　设计者：张婉君　指导老师：吴星辉

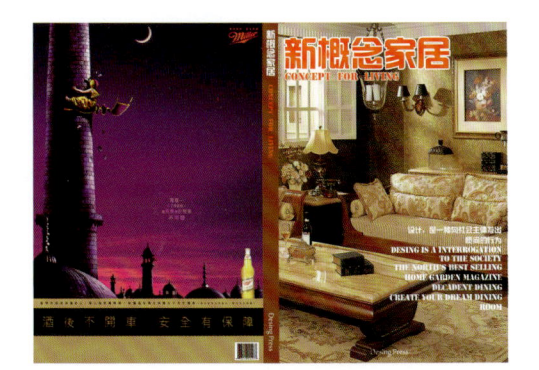

图4-1-2　设计者：吴祎

图4-1-3　指导教师：蔡鹏虎

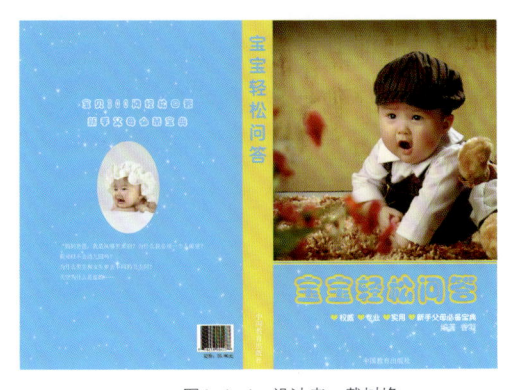

图4-1-4　设计者：戴树峰

●096

第四章 书籍设计作品欣赏

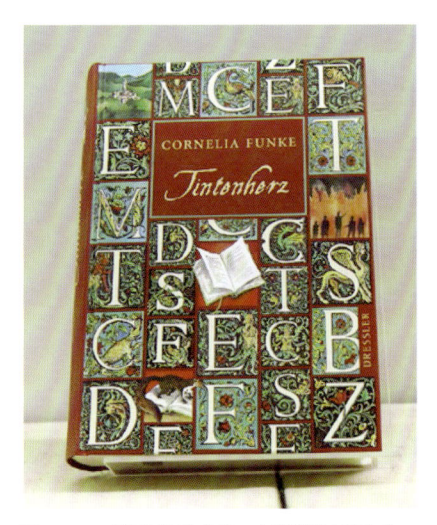

图4-1-5 封面以红色为底,字母镶嵌有凹凸感,吸引读者的关注

图4-1-6 封面采用了报纸的形式,图片和文字明确地说明了主题内容的时间和主要人物

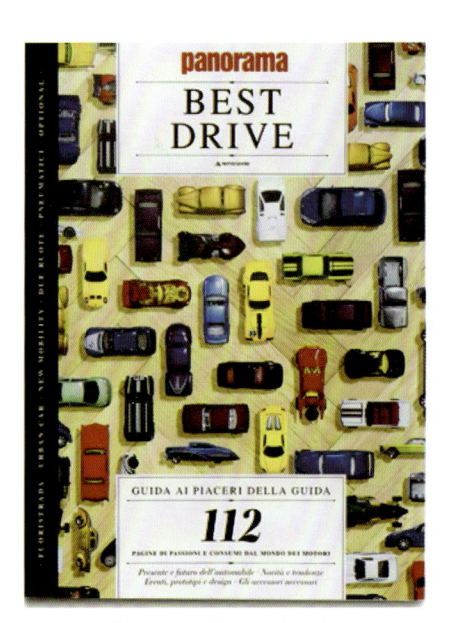

图4-1-7 封面采用不同类型的汽车罗列的画面,直观地展现了书的主题

图4-1-8 张守义作品 以眼睛和战争为图案,突出了战争与回忆的主题

图4-1-9 封面点状图案像是阴天下雨一般,与主题"蛙"更为贴合

图4-1-10 画册简约的图形和色彩设计,能够更加吸引读者的视线

097•

书籍设计 BOOK DESIGN

图4-1-11　线装装订和压凹凸工艺提高了书籍的档次，增加了书籍的艺术感

图4-1-12　使用压凹凸的工艺，使封面更加直观简洁，彩色的腰封增强了书籍的色彩感

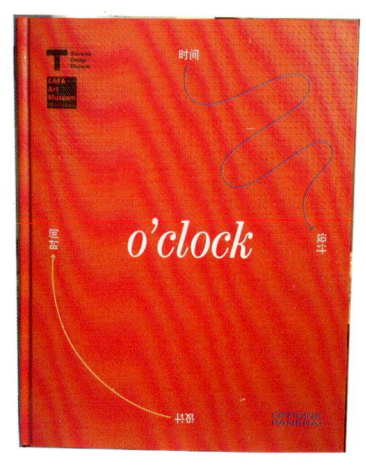

图4-1-13　装订线与封面图案结合紧密，封面充满设计感

图4-1-14　简约的文字、图形都直接地展示了书籍关于"时间"的内容

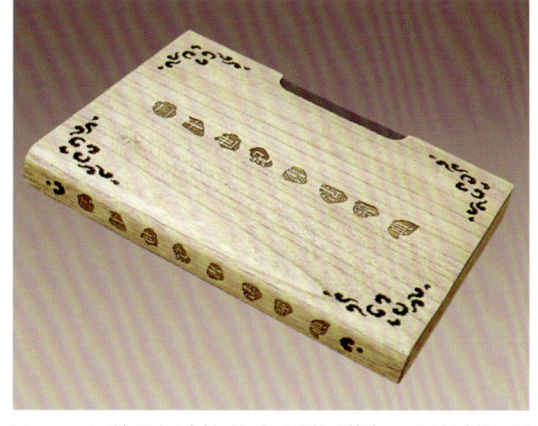

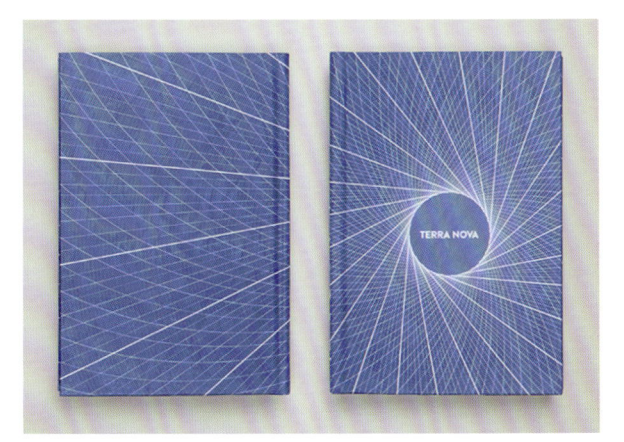

图4-1-15　封面采用木材质提高了书籍的档次，题目与花纹采用镂空能引起读者的注意

图4-1-16　圆与线的应用，增强了封面的视觉效果，并更能引起读者的注意

•098

第四章 书籍设计作品欣赏

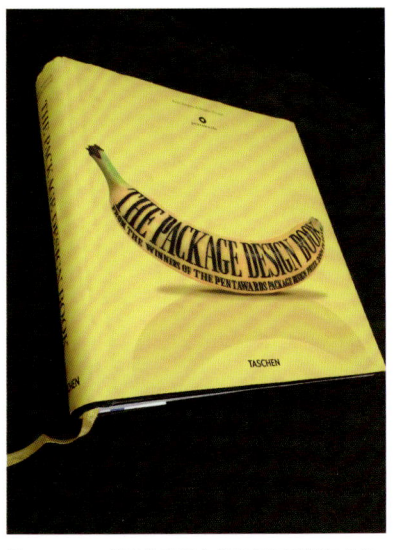

图4-1-17 鲜亮的背景色搭配封面图片和书名使本书更加生动形象

图4-1-18 封面利用蓝底色与几何图形的结合，形成具有现代感的简约设计

图4-1-19 米白色的纸板底色配上书角上的银色装饰和突出的C形，使本书更加精致突出

图4-1-20 红色封面上的镂空区域文字在颜色的对比下，更加吸引读者的阅读视线

图4-1-21 书籍封面以构成形式置换了风景图片，营造的空旷感与本书内容达成一致

图4-1-22 书籍封面运用了中国的传统颜色红色，搭配传统的封面图案，营造出主题的内容性

099

书籍设计 BOOK DESIGN

图4-1-23 《不裁》江苏文艺出版社 设计者：朱赢椿

该书封面似旧羊皮的质感和底色，两根红细线从书中穿过，贯通封面和封底，传达了天然的意趣。书的扉页中镶嵌纸质的裁纸刀，读者在阅读的过程中必须亲自动手裁开书页，阅读完毕，裁开的书口会露出毛边。设计意图引导读者体验阅读时参与的乐趣和亲近感（图4-1-23）。

图4-1-24 《剪纸的故事》人民美术出版社 设计者：吕旻、杨婧

设计不拘泥于传统的平面模式，对部分书页进行横向断切，与剪纸艺术由外向内的手法相契合，色彩搭配相得益彰（图4-1-24）。

图4-1-25 《十二美人》紫禁城出版社 设计者：陆智昌

风格静谧而舒展，美人娴静的形貌与品性得到充分表现；同一页面上形成动静结合的设计感，而留白成为设计的中心；封面与封套有机地融为一体，相同的元素在多处形成呼应；两函而一匣的安排既阐释古典的主题，又代表了前卫的设计潮流。此书可称为书籍设计的杰作（图4-1-25）。

• 100

第四章　书籍设计作品欣赏

图4-1-26　《景德镇陶歌》中国海洋大学出版社　设计者：黄琛

书名的烫黑工艺、护封暗红的底色、书籍采用的24开本，无不体现了历史的韵味。护封上许多著名的陶器拼成了一个瓶子轮廓，很好地表达了书籍的主题。内文60首陶歌配60幅图，版面简洁大方，使读者能深入领会其中的诗情画意（图4-1-26）。

图4-1-27　《中国木版年画代表作》中华书局
设计者：合和工作室（装帧设计）；樊宇、贾新国、孙喆、梁栋、王召金（摄影）

充分利用中国传统书匣的包装形式，展现出民俗题材的乡土趣味与视觉效果，风格鲜明强烈，整体视觉形象具有高度的说服力。书籍装帧的纸材运用，将通俗的包装材料，利用印刷效果，开创出高质量的视觉能见度，灵活地反映出时代意义，创造了朴实坚强的整体效果（图4-1-27）。

图4-1-28　《平如美棠——我俩的故事》　设计者：朱赢椿、艺冉（装帧设计）

本书以图绘方式记录了夫妻俩生命起浮的故事，封面采用喜庆的红色，仿佛"喜帖"一般，记录了作者深沉且至死不渝的真实情感。朴拙真实的画面，加上朴素无华的设计风格，烘托出追忆往事的氛围，传达了亲情的典范，表现出外在设计形式与内容的统一（图4-1-28）。

101•

书籍设计 BOOK DESIGN

图4-1-29 《云朵一样的八哥》接力出版社有限公司 设计者：郁蓉

深色的剪影插图具有中国剪纸的韵味，稚拙的手法突出了儿童故事的主体，衬以简洁的线描背景，有轻重的节奏感，赋予了画面立体的维度。用色不多，却表达了丰富的内容（图4-1-29）。

瓦楞纸的函套使书的外观犹如一块原木，与木刻画的内容暗相呼应。纸质朴实而有质感，印制十分精美，使得画面既细腻又很有张力。文字说明安排在页面的一角，不影响对画作的欣赏（图4-1-30）。

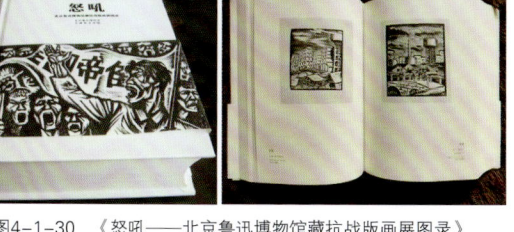

图4-1-30 《怒吼——北京鲁迅博物馆藏抗战版画展图录》
湖南美术出版社 设计者：孙康（装帧设计）、郭栋（版式设计）

绘图表现力强，以暖色调营造了很好的氛围；文字与绘图协调一致，位置编排合理，图片的视角一直在变化，富有节奏感；合和页构建了宽阔的阅读空间，人物如同舞台表演一样，生动形象（图4-1-31）。

图4-1-31 《穿墙术》浙江少年儿童出版社 设计者：江渊

• 102

第四章 书籍设计作品欣赏

图4-1-32 《台北道地地道北京》 文化艺术出版社
设计者：NON－DESIGN

与普通流行的旅行词典与众不同，被强化的阅读版块分别设定大、中、小号并把控好视距离的文字，使内容有清晰的归属感。通过不同的色彩区分、灰度线的排列组合，衬托主体文字，创造便于阅读和辨识的空间。单色线描图形给大量的文字群带来活跃的气氛。开本略微见方的设定富有阅读趣味（图4-1-32）。

本书的设计平实质朴，体现了设计者对藏文化的尊重。汉藏语对照，按照藏文的视觉表达传统形式编排，用最少的符号表达了最真挚的民俗情感（图4-1-33）。

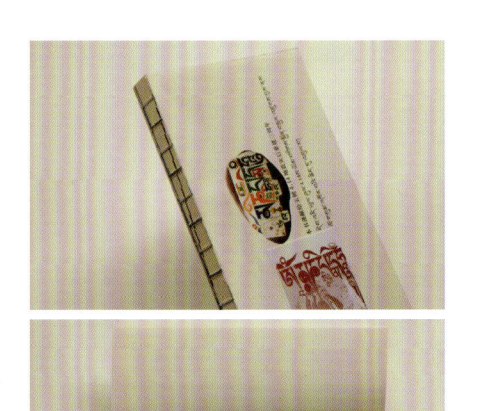

图4-1-33 《嘉那·道丹松曲帕旺及嘉那嘛呢文化概论》民族出版社 设计者：吾要

图4-1-34 《之后》 天津杨柳青画社
设计者：耿耿（封面设计）、王成福（版式设计）、
耿耿（插图者）

这是一本具有丰富表情的书，文字语言、图像语言、纸张语言、工艺语言集于一身。设计者较好地运用了纸面载体承载信息的各种手段，使书呈现出多元化的阅读感受。这本书可以对书籍信息编辑设计者有所启示，虽然不是所有的书都能有高成本的投入，但对书籍细节的严格要求，是不应该被忽视的（图4-1-34）。

103•

书籍设计 BOOK DESIGN

图4-1-35 《冬至线》 长江文艺出版社
设计者：ZUI Factor（装帧设计）、yeile
（设计师）、曹欣（内页设计）

此书表现形式，具体而微地呈现出中国书籍"新学院派"的设计理念；大量留白空间的运用，与精练的文字配布，都充分地反映出水墨意象的高度与深度，是中国文化特质的现代表现语言形式。版面空间结构严谨，配布清新大度，简约而洗练的布陈文本内容，提供阅读者充分的个人空间，是一本令人愉悦的图书（图4-1-36）。

封面题字设计巧妙，插页用小图案，与内容契合；出版社的字体很小，与现代流行的"轻文学"文风相契合；封面与内容搭配恰到好处，体现了阅读的时代趋势（图4-1-35）。

图4-1-36 《曹雪芹风筝艺术》 北京工艺美术出版
设计者：赵健工作室；孔祥泽、孔令民、孔炳彰（插图者）、彭玉臣（摄影）

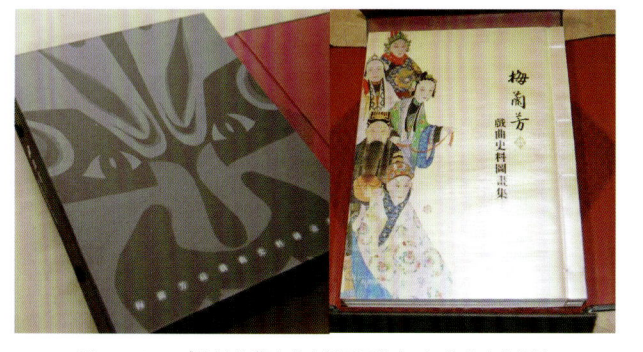

图4-1-37 《梅兰芳藏戏曲史料图画集》 河北教育出版社
设计者：张志伟（封面设计）；高绍红、蠹鱼阁（版式设计）；王书灵（摄影）

本书的图谱为梅兰芳纪念馆现存的全部"缀玉轩"珍藏戏画、脸谱原作复制而成。为四眼线装，上下两册，函盒装。这是一套令人爱不释手的书，无论内容还是形式。全书整体工细流利，墨彩相映，蕴静委婉，古简典雅。函盒为玄色丝织压印戏曲人物脸谱，上下朱印方章点缀，函背为中国红，书皮采用米色略带光泽的纸，上印戏曲人物图，一派雅淡简逸之气。版式编排具中国典籍神韵，图文外绕线框，纸质润和，主辅皆和（图4-1-37）。

• 104

参考文献

[1] 林家阳. 图形创意与联想[M]. 北京：高等教育出版社，2006.

[2] 李兆明. 图形设计[M]. 南京：江苏美术出版社，2007.

[3] 张亚敏. 印刷工艺与设计[M]. 武汉：武汉大学出版社，2010.

[4] 余秉楠. 书籍设计[M]. 湖北：湖北美术出版社，2001.

[5] 张洁. 书籍装帧设计与工艺[M]. 天津：天津大学出版社，2011.

[6] 汪哲皞. 版面设计[M]. 上海：上海人民美术出版社，2009.

[7] 曾强. 版式设计教程[M]. 重庆：西南师范大学出版社，2006.

[8] ArtTone视觉研究中心. 版式设计从入门到精通[M]. 北京：中国青年出版社，2012.

[9] 曹刚. 书籍设计[M]. 北京：中国青年出版社，2012.

[10] 王绍强. 书形：138种创意书籍和印刷纸品设计[M]. 江洁，译. 北京：中国青年出版社，2012.

[11] 王茜. 书籍装帧设计[M]. 北京：机械工业出版社，2013.